液化场地重力式码头地震残余变形计算方法

王丽艳 著

黄 河 水 利 出 版 社
·郑 州·

内 容 提 要

本书较为全面、系统地介绍了液化场地重力式码头地震残余变形计算方法，集中体现了作者近年来关于重力式码头地震残余变形计算方法研究的成果。本书共分为五章，第1章为考虑液化度研究土工构筑物地震残余变形的探讨，第2章为重力码头地震残余变形的拟静力计算法，第3章为重力码头地震残余变形的拟动力计算法，第4章为动力有限元分析码头残余变形的图形预测法，第5章为计算方法的验证：振动台模型试验与灾害实例。

本书可供从事港航、土木、交通专业及其相关领域的科学研究人员、工程设计与技术人员参考，也可供相关专业的高校教师、研究生以及本科学生使用，特别适合作为岩土工程、防灾减灾工程和港口航道工程方向的研究生教材或教学用书。

图书在版编目(CIP)数据

液化场地重力式码头地震残余变形计算方法/王丽艳著. —郑州：黄河水利出版社，2017. 11

ISBN 978 - 7 - 5509 - 1892 - 4

Ⅰ. ①液…　Ⅱ. ①王…　Ⅲ. ①重力式码头 - 地震液化 - 变形计算法 - 研究　Ⅳ. ①U656. 1

中国版本图书馆 CIP 数据核字(2017)第 281337 号

出 版 社：黄河水利出版社

地址：河南省郑州市顺河路黄委会综合楼 14 层　　邮政编码：450003

发行单位：黄河水利出版社

发行部电话：0371 - 66026940、66020550、66028024、66022620(传真)

E-mail：hhslcbs@ 126. com

承印单位：河南新华印刷集团有限公司

开本：787 mm × 1 092 mm　1/16

印张：8

字数：185 千字　　　　印数：1—1 000

版次：2017 年 11 月第 1 版　　　　印次：2017 年 11 月第 1 次印刷

定价：35. 00 元

前　言

地震是人类面临的主要自然灾害之一,我国近些年相继发生了多次强烈的地震,如2017年8月8日四川省九寨沟发生的7.0级地震,2010年4月14日青海省玉树发生的7.1级地震,特别是2008年5月12日四川省汶川发生的8.0级的罕见大地震,生命伤亡和财产损失严重,把地球人类又一次带入恐慌中。地震中砂土液化引起的灾害频频发生,液化是造成场地地震损害的首要原因之一,地震引起的地基失事约50%起因于液化。2008年汶川地震和2010年玉树地震中砂土液化引起的变形都有所见,自1964年的日本新泻地震和美国阿拉斯加大地震以来,土体液化问题逐渐得到了重视和研究。

重力式码头因为具有整体性好、地基应力较小、耐久性及适应性强等优点在工程中得到广泛应用。大地震中码头会产生较大残余位移,不仅造成码头本身破坏,而且会给附近的构筑物带来毁坏,这方面的震害较多,且震害调查表明,回填砂土的液化是引起码头产生较大变形的主要原因之一。国际港工结构地震设计规范(2005)中是将回填砂土的内摩擦角进行简单折减来考虑回填砂土里的超静孔隙水压力对码头运动的影响;在提到变形控制码头安全问题时,指出结合多年的码头震害调查数据进行统计分析,得出稳定安全系数与码头残余变形之间的经验关系。Zeng等(1992)将重力挡土墙作为一刚性块体,视回填砂土为干土,提出旋转块体法,基于力平衡计算滑动和旋转门槛加速度,推算挡土墙的地震变形。

本书是将液化度指标引入到重力式码头地震残余变形的计算方法中,在提出的拟静力和拟动力方法中借鉴了旋转块体思想,基于动力分析法建立了液化度与残余变形间的图形关系,通过1g－振动台试验、120g－离心模型试验的测试结果和阪神地震中沉箱码头的震害实例对提出的三种方法的合理性和可靠性进行了验证。具体的创新成果有:

(1)考虑到实际地震破坏时地基土的液化程度对构筑物地震残余变形的影响,提出了反映地基液化程度的液化度概念,将超静孔隙水压力比物理指标定义为液化度,用以进行地震时构筑物的地震残余变形研究。

(2)建立了考虑码头墙后回填砂土液化度影响的码头地震残余变形的计算方法。将回填砂土对墙体的作用力视为随着液化度的变化从固体土的动土压力逐渐转变为土颗粒孔隙水的静水压力,修正Mononobe-Okabe拟静力法计算随液化度变化的动土压力,用静水压力观点计算随液化度变化的土颗粒孔隙水压力,同时考虑水平与竖向地震载荷的影响,基于旋转块体法推导了码头绕基础转动产生的角变形计算方法,以及码头做旋转和水平滑动耦合运动的残余变形计算方法。

(3)考虑回填砂土液化度时程变化特征推导了码头墙体上的动土压力、动土压力作用点位置以及码头地震残余变形的拟动力计算式。将地震过程中的回填砂土看作处于固体和黏性流体之间,考虑墙体与回填砂土间摩擦的影响,将动土压力定义为随着液化度的增加由固体土的动土压力逐渐过渡到黏性流体的动水压力;同时考虑竖向地震载荷的影响，基于旋转块体法理论建立了码头地震残余角位移和水平滑动位移的计算方法。

(4)建立了采用安全单元的液化度来直接衡量码头顶点残余变形的图形预测法。基于多重剪切机构弹塑性模型的动力分析法建立了地基－码头－回填砂土－流体的固液耦合动力相互作用模型，通过分析地震载荷特性、回填砂土和置换砂的物理特性、加固范围、码头的几何尺寸和容重、回填砂土地下水位和码头前自由水位等因素对残余变形的影响，拟合了残余变形与安全单元的液化度间的指数函数关系，用来简单预测码头的地震残余变形。

(5)用1g－振动台试验、120g－离心模型试验的测试成果对拟静力法、拟动力法和图形预测法等三种预测残余变形的计算方法的合理性和可靠性进行了验证，比较了它们在计算码头残余变形时各自的优缺点；结合阪神地震中的一典型沉箱码头的震害实例对三种方法的可靠性做了验证。

在本书写作中，引用和参考了大量其他研究者和同行发表的论文、专著和技术报告，在此向他们表示诚挚敬意和衷心感谢。

限于作者当前的认识水平和能力，书中难免存在疏漏或错误之处，恳请读者批评和指正。

作　者

2017年8月

目　录

第 1 章　考虑液化度研究土工构筑物地震残余变形的探讨

1.1　引　言

1.1.1　地震液化变形研究意义

近十几年,世界范围内各国相继发生了多次强烈的地震,如 1995 年 1 月的日本阪神淡路大地震、1999 年 9 月中国台湾集集大地震和 2004 年 12 月印尼地震海啸等都是伤亡惨重、财产损失巨大的地震。我国近些年相继发生了多次强烈的地震,如 2017 年 8 月 8 日四川省九寨沟发生的 7.0 级地震,2010 年 4 月 14 日青海省玉树发生的 7.1 级地震。特别是 2008 年 5 月 12 日 14 时 28 分 4 秒在四川省汶川发生了 8.0 级的特大地震,是我国仅有的两次强地震之一,且破坏时程度和波及范围都超过了 1976 年的唐山大地震,该地震造成倒塌、严重损毁不能居住的房屋近 450 万间,1 000 多万人无家可归、遇难失踪超 8.7 万人、38 万人受伤,直接经济损失已经超过 8 451 亿元人民币。地震对人类的生命和财产摧毁的严重性使人类对它的研究也取得了一些进展,但地震因很多复杂的和不确定的因素仍是世界性的难题,目前世界上还没有精确预测地震地点、震级和时间的技术。所以,学术界多年来主要是集中在研究地震带来的土体动力特性和各种构筑物的抗震防灾的问题上。

自 1964 年的日本新泻地震和美国阿拉斯加大地震以来,土体液化问题得到了逐步认识和日益重视。液化是造成场地地震损害的首要原因之一,地震引起的地基失事约 50% 起因于液化[1]。海城地震、唐山地震、阪神地震以及台湾集集地震引起了大面积的砂土液化,破坏严重,汶川大地震中液化现象也很普遍,液化引起的建筑物破坏相对较少。1978 年美国土木工程师协会岩土工程分部土动力学委员会对“液化”的定义是:任何物质转化为液体的行为和过程。就无黏性土及黏粒含量较少的粉土而言,这种由固体向液体的转化是孔隙压力增大而有效应力降低的结果。1985 年日本土力学与基础工程学会在《土力学与基础工程词典》中将“液化”定义为:饱和砂土由于孔隙压力的升高而引起剪切强度丧失和有效应力降低。这两种有关液化的定义较为接近,是广义的液化定义,但它们强调的是动荷载使孔压增长的过程,对液化导致的后果则没有提及[2]。地震液化的破坏机制主要有两种:一种是由于饱和无黏土强度降低而引起的完全流动破坏,主要表现形式有喷水冒砂、地下结构物上浮、地基失效、侧向扩展和流滑等;另一种机制称为循环活动性,即在初始液化之后只产生有限的应变。

液化引起的地面侧向变形是造成液化区内公路、铁路、房屋、桥梁、堤防、渠道、水利设施、地下管道、油井等震害破坏的最主要原因之一。1975 年海城地震和 1976 年唐山大地震，严重液化面积均达3 000多km^2，液化造成地面沉陷、堤坝开裂滑动、桥台移动、房屋倾斜及地下轻型结构物浮出地面等工程建筑的极大破坏。1990年菲律宾吕宋岛7.8级地震，Dagupa市Pantal河岸产生变形最大为6 m。1995年日本阪神7.3级地震，虽然地震时地面运动只有二十几秒，但给神户市带来的危害却是灾难性的：由于大面积的砂土液化，造成大量高速公路、高架铁路、新干线、桥梁、码头和防波堤等发生倾斜倒塌[2-5]，水、电、气等生命线工程严重破坏，高层或中高层建筑物底部或中部被剪断，港口码头发生下沉倾斜，大面积土体发生侧向流动；地震液化引起了大范围的地基侧向变形，最大侧向变形达5 m，地基变形导致了大量管道设施的破坏、建筑物的移动破坏。图1-1是几次大地震液化后大变形导致的生命线工程破坏实例，表1-1列出了国内外多次大地震中所发生地面大变形的情况。

(a) 美国阿拉斯加液化引起路面变形 (1964年)

(b) 阪神地震液化引起沉箱码头变形 (1995年)

(c) 阪神中排桩码头的破坏 (1995年)

(d) 印度液化引起的桥墩破坏 (2001年)

(e) 中国台湾大地震造成的公路断裂 (1999年)

(f) 中国北川县城龙尾公园大面积液化 (2008年)

图1-1　大地震液化大变形导致的生命线工程破坏实例

表 1-1　砂土地震液化后大变形震害实例一览表

时间	地名	震级	震害情况
1964 年 6 月	日本新泻	7.5	Shinano 河两岸大面积液化，地裂，Yachiyo 桥、Showa 桥、Echigo 铁路桥、Kawagishi 桥等处地面最大变形达 11 ~ 71 m，大量挡墙及生命线工程遭到严重破坏。Agano 河左岸 Oghata 区、Ebigase 区、Matsuhama 区、Shinakawa 区及 Shitayama 区地面最大水平变形达 7 m
1964 年 3 月	美国阿拉斯加	8.5	地震时地表变形规模很大，在安克雷奇以东有一块长 640 km 的岩层裂为两半，远在夏威夷的地壳都发生永久变形。在震中 320 km 半径范围内沿海区有许多裂缝。地震造成的海浪传到南极，地震造成的地下水位变动，影响到欧洲、非洲和菲律宾
1971 年 2 月	美国圣费尔南多	6.4	坡度 1.5% ~ 3% 液化地段发生严重地面变形，最长地裂 1.2 km；生命线系统破坏严重；11 条穿过大变形区的管线遭到破坏
1975 年 1 月	中国海城	7.3	海城温家沟地裂带宽 100 ~ 200 m，距河 100 ~ 200 m 的铁路滑移 20 ~ 30 cm；营口辽河公路桥桥墩普遍倾斜变形；盘山公路桥地裂带宽 40 m，8 m 高路堤向河心滑移 20 ~ 30 cm
1976 年 7 月	中国唐山	7.8	陡河、滦河、海河故道及月牙河等河岸滑移、地裂，滑移带宽度 100 ~ 150 m；胜利桥、越河桥等多座公路桥长度缩短（最大 9.1 m）；天津毛巾厂等数家单位的房屋被拉断或开裂
1983 年 5 月	日本海中部	7.7	能代市南部地表坡度 2% ~ 3%，有大量垂直于等高线的地面变形，最大水平变形超过 5 m，大量民宅被破坏，生命线工程破坏严重；秋田港码头仓库向海洋变形，护堤及基础桩被破坏
1995 年 1 月	日本阪神淡路	7.3	所引起的地壳运动，将大阪等城市向不同方向移运 1 ~ 4 cm。造成大阪、神户之间高速公路 10 处断裂、8 处崩落，粗大的水泥柱子从根折断，将 500 多 m 路面掀在一旁
1999 年 9 月	中国台湾	7.2	造成台湾中部地壳地表大变形和扭曲；南投埔里虎子山三角原点发生平面变形 2.8 m，高度约下陷 50 cm

砂土液化大变形的原因是土体液化后在自重作用下或建筑物荷载作用之下产生侧向扩展，即液化土体向重力梯度方向的扩展。在这一过程中土体的自重起了决定性的作用，动荷载只起到了导致土体中孔压上升使得土体发生液化软化的辅助作用。砂土液化大变形易发生于含有可液化砂层的滨海、滨河、三角洲等地带。这些地方往往含有缓倾角的可液化砂层，地表通常也带有一定的缓倾角，在地震导致砂层液化后，极易发生向河心方向的大变形。液化大变形常导致地表出现裂缝，裂缝长度数十米至数千米不等，地裂缝常分布于距河心几百米的范围内，而且随着地裂缝的产生地表还将形成一系列的竖向落差。根据地震导致的液化程度、砂层的密实度、地层的倾角不同发生的大变形量值可从数十厘

米至数十米不等。大变形导致桥梁的长度缩短、落梁，地基中的桩体被折断、墩台移位倾斜、地下管线破裂、公路铁路变形或产生裂缝，导致结构破坏或使结构产生大的变形而丧失使用功能。

1.1.2 问题的提出

近几十年来，在液化可能性预测方面研究得较多且深入，而在液化程度和危害性预测方面研究得相对较少。前人的分析方法有的是基于地震发生的过程进行的，即认为变形产生于地震过程中，地震结束时变形也立即停止，对地震液化以后导致的土体特性的变化不做重点考虑；最近几年，有些学者专门对液化后大变形做了研究，而忽略了液化前孔隙水压力的变化对土工构筑物变形的影响。这些研究存在着不安全或者不经济的缺陷，找出一种全面衡量液化前后行为的指标以及将其方便地应用于工程残余变形研究中是相对较新的研究思路。

本章重点是汇总目前国内外衡量液化程度和危害性的评价方法，提出它们的优点与不足；然后引出液化度概念，并将其考虑进土工构筑物的残余变形研究中；结合码头离心机试验模型和以1995年日本阪神大地震中神户港一沉箱码头震害为例，说明考虑码头墙后回填砂土的液化度研究重力码头残余变形的重要性。

1.2 衡量地震液化程度和危害性的指标

1.2.1 国外衡量的经验指标

国外常采用下列两项指标来衡量不同液化程度，即抗液化安全系数和液化指数。

1.2.1.1 抗液化安全系数

国外日本岩琦敏男在Seed和Idriss简化法基础上采用了抗液化安全系数F_L(factor of safety against liquefaction)的概念[6]，定义如式(1-1)。从那以后直到现在，国外很多学者如Youd、O. Monge[7]和Murakami[8]等都一直沿用这个概念，他们也常用F_S来表示抗液化安全系数。

$$F_L = CRR/CSR \tag{1-1}$$

式中：CRR为循环抗液化强度比；CSR为地震循环剪应力比。

根据式(1-1)，当$F_L=1.0$时，试样刚好达到液化或预定的剪应变幅值；当$F_L>1.0$时，则说明试样未达到液化；当$F_L<1.0$时，则说明试样遭受的液化程度比初始液化或预定剪应变幅值时的液化程度严重。CRR可通过原位试验如SPT、CPT、BPT和剪切波速经验计算得到，也可通过室内动力试验来确定。

然而，抗液化安全系数不是评价液化程度和严重性的充分工具，对于描绘液化区的液化严重程度来说，它不是实际可行的参数，它只能用来预测土层液化或者不液化。

1.2.1.2 液化指数

为了克服F_L的一些局限，Iwasaki等(1982)[9]提出了液化势指数L_I，并根据它对液化的严重性进行了分类，计算方法见表1-2，分类见表1-3，但它只适用于易液化的场地，对

表 1-2　国外衡量液化程度与严重性指标的计算方法汇总

研究时间（年）	作者	计算方法公式				液化严重分类
			衡量指标	液化安全系数/液化概率	抗液化安全系数/权函数	
1982	Iwasaki	液化严重指数	$L_I = \int_0^{20} F(z)W(z)\mathrm{d}z$	$F(z) = 1 - F_L \quad \text{for } F_L < 1.0$ $F(z) = 0 \quad \text{for } F_L \geqslant 1.0$	$F_L = F_S = CRR/CSR$ $W(z) = 10 - 0.5z \quad \text{for } z < 20\ \text{m}$ $W(z) = 0 \quad \text{for } z > 20\ \text{m}$	表 1-3
2000	Juang、Lee	液化严重指数	$I_R = \int_0^{20} P_L(z)W(z)\mathrm{d}z$	$P_L(z) = \dfrac{1}{1 + (F_L/0.96)^{4.5}} \quad \text{for } F_L \leqslant 1.411$ $P_L(z) = 0 \quad \text{for } F_L > 1.411$		表 1-5
2003	Sonmez	液化严重指数	$L_I = \int_0^{20} F(z)W(z)\mathrm{d}z$	$F(z) = 0 \quad \text{for } F_L \geqslant 1.2$ $F(z) = 2 \times 10^6 \mathrm{e}^{-18.427F_L} \quad \text{for } 1.2 > F_L \geqslant 0.95$ $F(z) = 1 - F_L \quad \text{for } F_L < 0.95$		表 1-4
2005	Sonmez	液化严重指数	$L_S = P_L(z)\left(10z - \dfrac{z^2}{4}\right)\Big\|_0^{20}$ $L_S = 100P_L(z)$	$P_L(z) = \dfrac{1}{1 + (F_L/0.96)^{4.5}} \quad \text{for } F_L \leqslant 1.411$ $P_L(z) = 0 \quad \text{for } F_L > 1.411$		表 1-6
2005	David、Juang	破坏概率	$P_G = \dfrac{1}{1 + \mathrm{e}^{4.71 - 0.71I_L}}$ $I_L = \int_0^{20} FW(z)\mathrm{d}z$	$F = P_L - 0.35 \quad \text{if } P_L \geqslant 0.35$ $F = 0 \quad \text{if } P_L < 0.35$ $P_L = \dfrac{1}{1 + \left(\dfrac{FS}{0.81}\right)^{5.45}}$	$CSR = 0.65\left(\dfrac{\sigma_v}{\sigma_v'}\right)\left(\dfrac{a_{\max}}{g}\right)(r_d)/MSF/K_\sigma$ (Idriss and Boulanger, 2004) $CRR = \exp[-2.88 + 0.000\,309(q_{c1N,m})]$	

续表 1-2

研究时间（年）	作者	计算方法公式				液化严重分类
			衡量指标	液化安全系数/液化概率	抗液化安全系数/权函数	
2005	Juang	破坏严重指数	$DSI=1,\text{if}\ \ I_L\leqslant 5$ $DSI=2,\text{if}\ \ 5<I_L\leqslant 12$ $DSI=3,\text{if}\ \ I_L>12$ $DSI=1,\text{if}\ \ P_G\leqslant 0.35$ $DSI=2,\text{if}\ \ 0.35<P_G\leqslant 0.90$ $DSI=3,\text{if}\ \ P_G>0.90$	$I_L=\int_0^{20}F_1W(z)\mathrm{d}z$ $P_G=\dfrac{1}{1+\mathrm{e}^{4.83-0.74I_L}}$	$F_1=1-F_S,\text{if}\ F_S\leqslant 1.0$ $F_1=0,\text{if}\ F_S>1.0$	
2006	Chin-Hsun Yeh	液化势指数	$(P_L)_i=\alpha_i\cdot f(M)\cdot g(d_w)(PGA)+\beta_i$	$g(d_w)=0.000\,2d_w^4-0.005\,1d_w^3+0.053\,5d_w^2-0.275\,8d_w+1.310\,5$ $f(M)=0.035\,3M^2-0.185\,5M+0.406\,9$		
		平均沉降	$S_i=\bar{S}_i\cdot\int_0^A\dfrac{1}{\sqrt{2\pi}\sigma_i x}\exp\{-\{[\ln(x/m_i)]^2/\sigma_i^2\}\}\mathrm{d}x$ $=\bar{S}_i\cdot\Phi\left[\dfrac{\ln(A/m_i)}{\sigma_i}\right]$	$m_i=\mu_i\cdot\bar{f}(M)\cdot\bar{g}(d_w)$ $\sigma_i=\lambda_i\cdot\bar{h}(d_w)$ $\bar{f}(M)=0.123\,1M^2-2.205\,2M+10.595\,4$ $\bar{g}(d_w)=-0.007\,188d_w^2+0.145\,195d_w+0.791\,9$ $\bar{h}(d_w)=0.003\,208d_w^2-0.042\,231d_w+1.061\,1$		

于不易受液化影响的场地不能用它来划分，而且虽然定义了高与低液化程度的分类，而中等和轻微却没有明确定义，显得很粗糙。为了解决这些缺陷，Sonmez (2003)[10]修改了 $F(z)$，将其值扩大到 1.2 作为不液化和边缘液化的临界值，增加了两个新的分类，如表 1-4 所示，但他指出这个临界值需要公开讨论。Seed 和 Idriss(1982)[11]提到抗液化的 F_L 值可在 1.25 ~ 1.5 取值。

表 1-3　基于 L_l 的液化势分类(Iwasaki 等，1982)

L_l	液化势分类
$L_l=0$	非常低
$0<L_l\leqslant 5$	低
$5<L_l\leqslant 15$	高
$L_l>15$	非常高

表 1-4　基于 L_l 的液化势分类(Sonmez，2003)

L_l	液化势分类
$L_l=0$	非液化(基于 $F_L\geqslant 1.2$)
$0<L_l\leqslant 2$	低
$2<L_l\leqslant 5$	中等
$5<L_l\leqslant 15$	高
$L_l>15$	非常高

Chen 和 Juang (2000，2003)[12,13]提出了基于 F_L 值的土液化概率研究，液化可能性分类如表 1-5 所示，是用 P_L 代替 F_L 计算液化危险指数，并将 L_l 改名为 I_R。Lee 等 (2003)[14]应用了 Juang (2003)提出的液化可靠度方法对 1999 年台湾的集集地震中广泛的砂土液化问题进行了评价。Sonmez (2005)[15]后来在这些研究者的研究基础上做了改进，将 $P_L(z)$ 项定义为 0 来考虑非液化场地的分类，用液化严重指数 L_S 代替了 I_R，分类结果如表 1-6 所示，并应用该方法对某一场地进行了液化严重性评估，如图 1-2 所示。

表 1-5　液化可能性分类(Chen 和 Juang，2003)

概率范围	描述	由式(1-2)计算的安全系数(F_L)范围
$0.85\leqslant P_L<1.00$	几乎肯定会液化	$0<F_L\leqslant 0.653$
$0.65\leqslant P_L<0.85$	很可能液化	$0.653<F_L\leqslant 0.837$
$0.35\leqslant P_L<0.65$	液化/非液化是等可能的	$0.837<F_L\leqslant 1.102$
$0.15\leqslant P_L<0.35$	不可能液化	$1.102<F_L\leqslant 1.411$
$0\leqslant P_L<0.15$	几乎肯定不会液化	$F_L>1.411$

表 1-6　基于 L_S 的液化严重性分类(Sonmez,2005)

L_S	描述
$85 < L_S \leqslant 100$	很高
$65 < L_S \leqslant 85$	高
$35 < L_S \leqslant 65$	中等
$15 < L_S \leqslant 35$	低
$0 < L_S \leqslant 15$	较低
$L_S = 0$	不液化

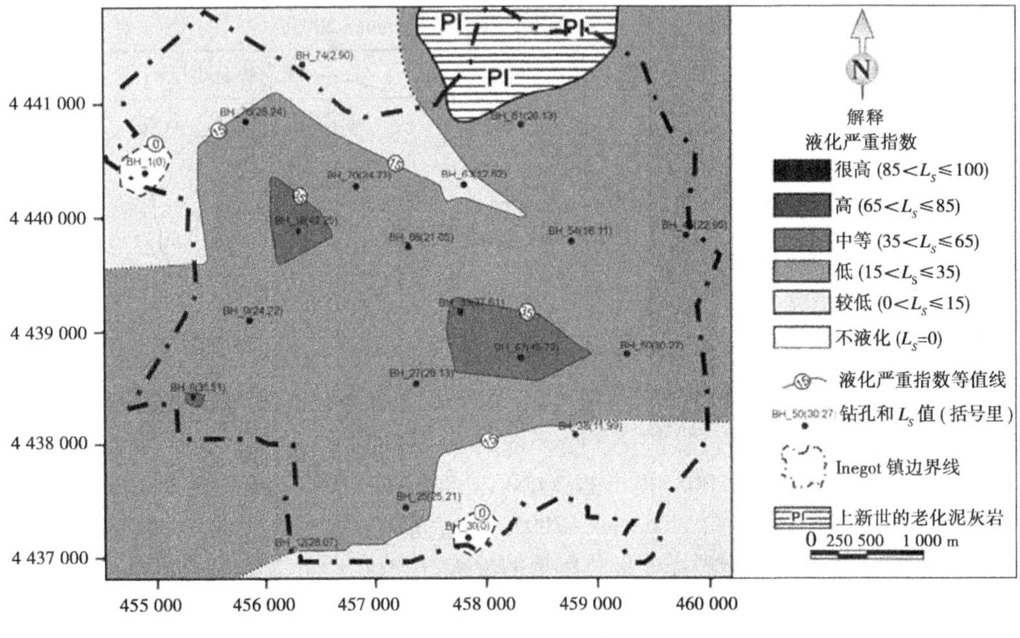

图 1-2　基于 L_S 分类的场地液化严重性云图

David 和 Juang(2005)[16,17]将液化势与液化引起每个场地的破坏概率联系起来,提出了一种描绘某一地区不同场地液化危险程度的实际方法,确保能使工程师做出明确的决策。他们的大概方法见表 1-2,定义了液化的概率 P_L 和破坏概率 P_G,将 P_G 拟合为液化严重指数 I_L 的函数,该程序基于近年来 30 多个地震震害实例,拟合破坏概率,如图 1-3 所示。最后,根据 P_G 的大小在地图上描绘出场地液化危险水平的云图,图 1-4 给出了一个算例。后来 Juang(2005)[18]等又针对建筑物地基的附近场地,提出了一个评价液化引起的地面破坏严重指数 *DSI*,方法见表 1-6,地基上液化引起的破坏严重等级分类见表 1-7。

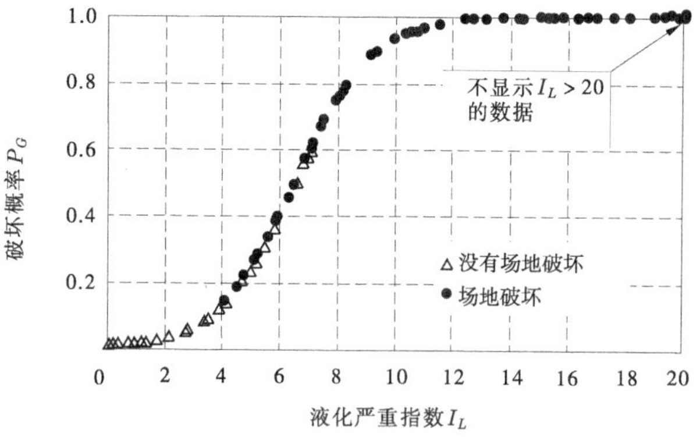

图1-3　场地液化破坏概率和液化严重指数间关系

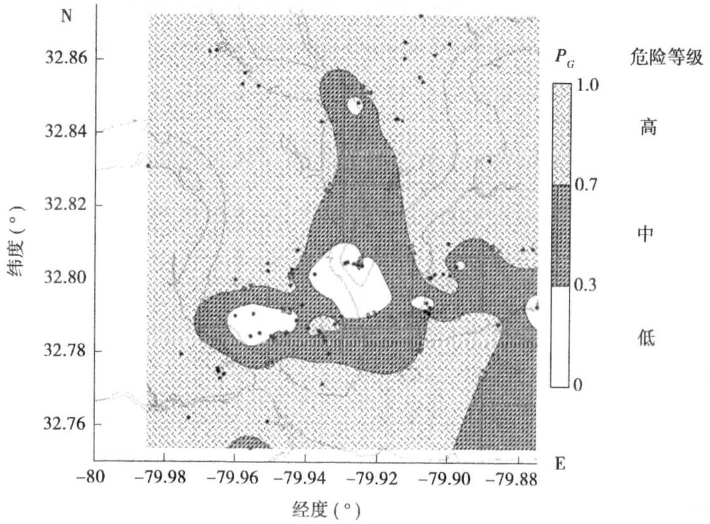

图1-4　基于 P_G 分类的液化危险云图

表1-7　地基上液化引起的破坏严重等级分类

严重等级	描述	解释
DSI = 1	没有明显的地面破坏	没有沉降,没有倾斜,没有横向运动或沙沸
DSI = 2	轻微的中等地面破坏	沉降小于25 cm,建筑物的倾斜小于3°,或横向运动小于10 cm
DSI = 3	主要的地面破坏	沉降大于25 cm,建筑物的倾斜大于3°,或横向运动大于10 cm,或建筑物倒塌

最近也有些学者试图将液化严重程度与地基变形联系起来。Jean-Pierre Bardet (2002)[19]指出液化引起的地基变形是地震导致的永久变形,能延伸几平方千米,变形幅值在几厘米到几十米数量级之间变化,他提供了四个参数(震级 *M*、距离 *R*、自由面比 *W* 和地面坡度 *S*)的多线性衰减模型(MLR)来估计液化引起的地基变形幅值,适用于有坡度的和自由地面的场地,该模型可应用于估算液化引起的地基变形的幅值。Chin-Hsun Yeh

等(2006)[20]将液化势与沉降联系起来,提出台湾地震损失评估系统(TELES),所得的半经验公式是从非线性衰减分析(Yeh 等, 2002)中得到的,定义的液化势指数和沉降经验关系见表 1-2,需要确定较多的经验系数。Seed 等(2003)提出土壤细颗粒的塑性行为比黏粒含量更重要,因而过去的 *LPI* 数据需重新估计。G. Papathanassiou(2006)[21]提出将液化势指数与液化引起的地基变形类型联系起来,他在 Toprak 和 Holzer(2003)提出的 *LPI* 和液化引起地基变形的严重性之间关系基础上做了修改,根据统计学方法,提出的新指标能用于汇编液化危险地图。

1.2.2 国内采用的指标

1.2.2.1 抗液化安全系数

目前,周云东[22]较早地沿用抗液化安全系数 F_L 定义为液化度,接着陈育民[23]继续研究它对液化后砂土流动特性的影响,见式(1-2)。黄志全等[24]以及顾辉等[25]用式(1-3)来简单地经验性地定义了液化系数 Y,在标准贯入试验的基础上,针对砂土液化程度判别问题,提出了液化系数法。该方法采用液化系数和液化系数曲线共同评价砂土的液化潜势。

$$F_L = \frac{R}{L} = \frac{\tau_{\max,l}/\sigma'_v}{\tau_{\max}/\sigma'_v} \tag{1-2}$$

式中:R 为循环动强度比;L 为等效循环剪应力比;σ'_v为土层的垂直有效应力;$\tau_{\max,l}$为动单剪试验中随机波作用下试样达到液化所需的峰值剪应力。

$$Y = \frac{N_{cr}}{N_{63.5}} \tag{1-3}$$

式中:N_{cr}为标贯锤击数;$N_{63.5}$为实测标贯锤击数。

式(1-3)表明液化系数越大,液化性越强,在计算临界值之前,需要进行数据整理,剔除异常值,避免出现较大误差。

1.2.2.2 液化指数

《建筑抗震设计规范》(GB 50011—2010)[26]对其进行了详细的介绍,采用的是 Iwasaki 等(1982)提出的方法,见式(1-4),用简单的液化系数法计算每个钻孔的液化指数,根据各钻孔液化指数的大小,判断场地内在水平方向上液化土层的位置及液化程度,并按表 1-8 综合划分地基的液化等级。

$$I_{LE} = \sum_{i=1}^{n} \left(1 - \frac{N_i}{N_{cri}}\right) d_i W_i \tag{1-4}$$

式中:I_{LE}为液化指数;n 为判别深度范围内每一个钻孔标准贯入试验点的总数;N_i、N_{cri}分别为 i 点标准贯入锤击数的实测值和临界值,当实测值大于临界值时应取临界值;d_i 为 i 点所代表的土层厚度,m,可采用与该标准贯入试验点相邻的上下两标准贯入试验点深度差的一半,但上界不高于地下水位深度,下界不深于液化深度;W_i 为 i 土层单位土层厚度的层位影响权函数值,m^{-1},若判别深度为 15 m,当该层中点深度不大于 5 m 时应采用 10,等于 15 m 时应采用零值,5 ~ 15 m 时应按线性内插法取值,若判别深度为 20 m,当该层中点深度不大于 5 m 时应采用 10,等于 20 m 时应采用零值,5 ~ 20 m 时应按线性内插法取值。

表 1-8　液化等级分类

液化等级	轻微	中等	严重
判别深度为 15 m 时的液化指数	$0 < I_{LE} \leqslant 5$	$5 < I_{LE} \leqslant 15$	$I_{LE} > 15$
判别深度为 20 m 时的液化指数	$0 < I_{LE} \leqslant 6$	$6 < I_{LE} \leqslant 18$	$I_{LE} > 18$

陈国兴等(2006)[27]以国内外 25 次地震中的 344 组实测资料为基础,利用径向基函数(Radial Basis Function,简称 RBF)神经网络模型对液化和非液化场地的数据资料进行分析,建立饱和砂土的液化极限状态函数;在此基础上,采用概率理论建立饱和砂土液化评价的概率函数,液化概率与抗液化安全系数的经验关系式见式(1-5),给出的液化概率判别标准见表 1-9。

$$P_L = 1/(1 + F_S^{4.297}) \tag{1-5}$$

表 1-9　饱和砂土液化概率判别标准

液化概率水平	抗液化安全系数	液化势评价
$0 \leqslant P_L < 0.30$	$F_S \geqslant 1.2$	不液化
$0.30 \leqslant P_L < 0.70$	$0.81 < F_S < 1.2$	可能液化
$0.70 \leqslant P_L < 1.0$	$F_S \leqslant 0.81$	液化

1.2.3　各种衡量指标存在的优缺点

1.2.3.1　优点

(1)克服抗液化安全系数的缺陷,提出了液化严重指数,从液化严重指数提升到破坏严重指数,而后又将液化势指数与地基的变形联系起来,衡量指标的经验和半经验公式在不断地完善。

(2)指标将液化势与液化引起每个场地破坏联系起来,液化或破坏概率是基于多年来的震害实测资料拟合的,而且液化指数或地面破坏严重指数又是概率的拟合函数,指标具有一定的适用性,能描绘不同场地液化的危险程度,确保工程师做出明确的决策。

1.2.3.2　缺点

(1)抗液化安全系数都需要通过原位试验得到标贯锤击数或室内试验得到土体的抗液化强度来求得;原位试验所依赖的现有经验公式均是从自由场地的地震液化资料得来的;利用动三轴试验所得的土抗液化强度也是针对自由场地的;当建筑物修建以后,由于土与结构物的相互影响,土中静应力与动应力条件发生显著变化。

(2)所用的液化严重指数、破坏概率或破坏指数等指标都要基于抗液化安全系数,没有以具体物理指标定量表达,难以在工程中统一应用;没有从物理本质和机制上对饱和砂土液化问题进行分析与探讨,难以加深对砂土液化现象的认识与理解。

1.3　引进液化度研究土工构筑物地震变形

1.3.1　液化度的定义

周云东[22]曾将抗液化安全系数说成液化度，是只适应于自由场地的，有其局限性；汪闻韶[28]在介绍门槛剪切波速作为液化初判手段起源，推导门槛剪切波速时说孔隙水压力比 $\Delta u/\sigma'_{v0}$ 可称为液化度，但没有将此概念应用到土与构筑物的变形研究中。

动荷作用下砂性土超静孔隙水压力的上升是土强度降低、土体发生软化和岩土结构发生变形的根本因素。为便于工程应用的直观理解，避开复杂的专业术语，本书沿用液化度概念定义超静孔隙水压力比。液化度（extent of liquefaction）用符号 E_l 来表示，定义式如下：

$$E_l = 1 - \sigma'_m/\sigma'_{m0} = \Delta u/\sigma'_{m0} \tag{1-6}$$

式中：σ'_m、σ'_{m0} 分别代表当前和初始平均有效应力，从定义式可知 E_l 为 0 ~ 1。

跟以前指标相比，该液化度概念是以具体物理指标超静孔隙水压力比来定量表达的，从物理本质和机制上对液化变形问题进行了分析，加深了对砂土液化现象的认识与理解；它适用性强，可适用于自由场地和非自由场地，弥补了以前一些方法的缺陷；土工构筑物的地震变形研究中可将砂土的液化度与构筑物的变形联系起来。

1.3.2　液化度的计算

饱和砂层中的孔隙水压力的基本计算理论通常是将孔压与应力、应变或者能量等变量相联系的，随着计算机计算速度和存储能力的快速增加，借助数值方法可较好地模拟孔隙水压力的变化情况。数值程序如 FLIP、LIQCA、CYCLIC 和 DIANA SWANDYNE – II 等，或在 FLAC 中加入典型的本构模型。日本学者 Yasushi Sasaki[29]（2005）采用了不同方法计算液化引起的堤防沉降值，将计算值与观测值作比较，如图 1-5 所示。从图中看出 LIQCA 和 FLIP 的有限元计算和 Towhata 静力法与观测值相关性较好，而经验法相关性较差；从液化发生大的沉降来看，FLIP 有限元计算结果与观测值相符得更好点。

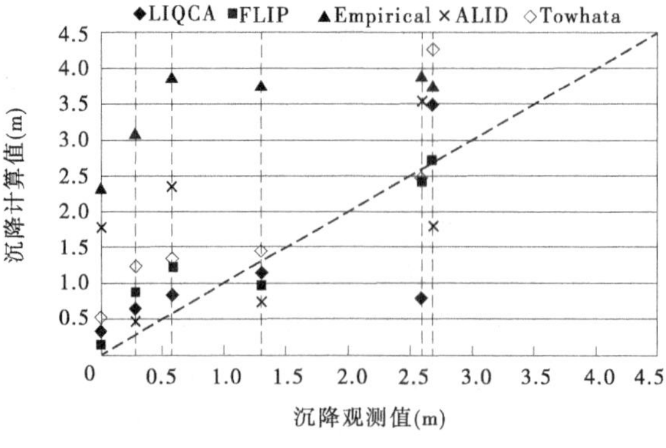

图 1-5　液化引起的堤防沉降计算值与观测值比较

1.4　例证引用液化度指标评价码头残余变形的重要性

1.4.1　例证 1——码头离心振动台试验模型

Zeng(1992)[30]对码头墙后回填土分别为干燥状态和饱和状态进行了离心机试验,模型截面示意见图 1-6,用 LVDT 来测试码头的侧向运动。S. P. Gopal Madabhushi(1996)[31]用数值分析方法对试验模型的两种工况进行了预测,测试试验结果和数值分析预测结果见图 1-7。

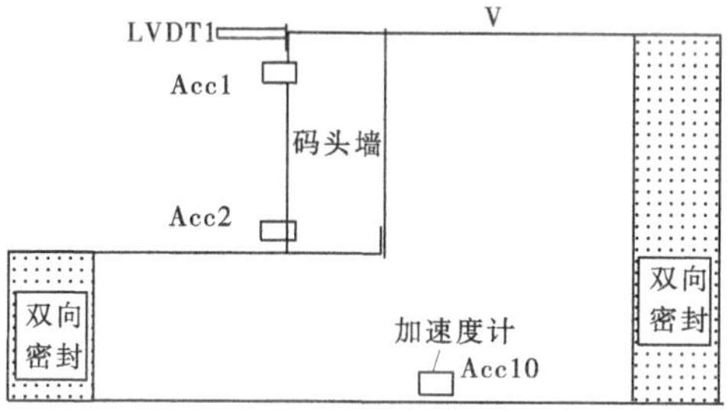

图 1-6　码头墙断面的示意图

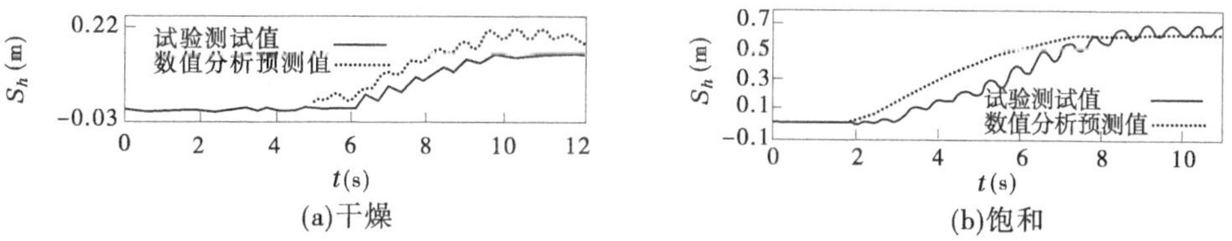

图 1-7　干燥回填土和饱和回填土的码头变形

试验测试值与数值分析结果一致,干燥回填土的码头产生约 0.2 m 的残余侧向变形,而饱和回填土的码头产生的残余变形约 0.7 m,表明了饱和回填土里含有的孔隙水对码头侧向变形影响较大;由于缺少孔隙水压力的测试和模拟数据,回填土不知是否已达到了液化状态,但干燥回填土残余变形在 6 s 时才上升,饱和回填土在 2 s 时刻就急剧上升,说明饱和回填土在地震过程中孔隙水对码头残余变形具有很大的影响。

1.4.2　例证 2——1995 年阪神震例数值分析

刘汉龙等(1998)[32]采用数值分析方法对沉箱码头岸壁破坏进行了模拟,有限元计算网格如图 1-8 所示。研究中采用的是有限元动力有效应力 FLIP 程序,有限元计算模型见图 1-9。为定量评价超静孔隙水压力对沉箱变形的影响,引入了一个非液化土的模型,即定义沉箱后的回填土和沉箱下的置换砂完全失去了剪胀特征,分四种算例进行了分析。算例 1 为计算实例,算例 2 假设沉箱后的回填土和下部的置换砂都是非液化土(地震残余变形是由惯性力引起的),算例 3 仅假设沉箱后的回填土是非液化土,算例 4 仅假设沉箱下部的置换砂是非液化土。计算结果见表 1-10。

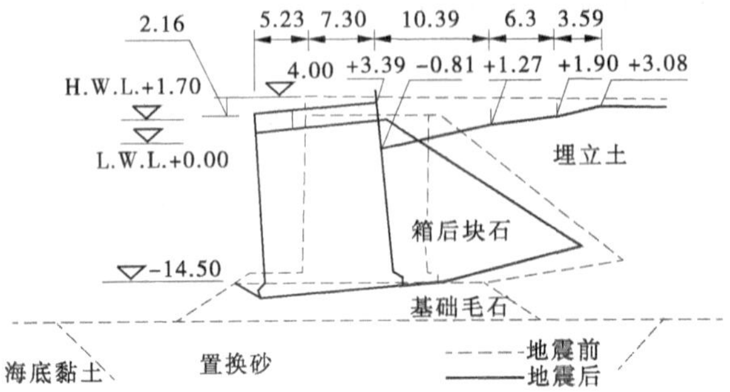

图 1-8　沉箱剖面及受灾状态　（单位：m）

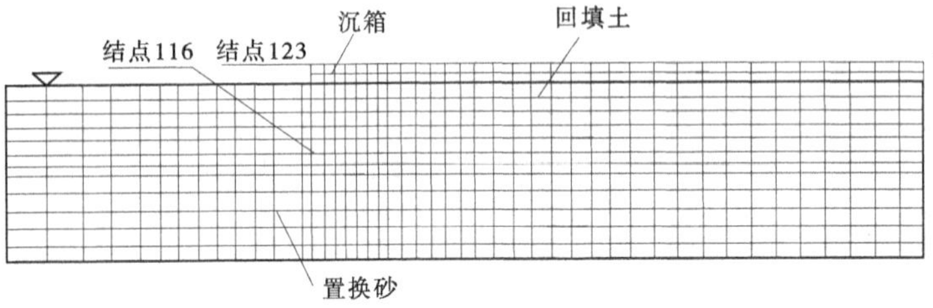

图 1-9　有限元计算网格

表 1-10　超静孔隙水压力影响的计算结果

算例	结点 123 变形(m)		结点 116 变形(m)		倾斜角(°)
	水平	垂直	水平	垂直	
算例 1	3.41	1.56	1.42	1.56	3.15
算例 2	1.57	0.64	1.08	0.64	1.56
算例 3	1.35	1.20	1.91	1.20	1.40
算例 4	1.28	0.82	1.42	0.82	1.73

算例 1 的液化度分析如图 1-10 所示，地震中码头不同位置处产生不同的液化度，沉箱后回填土已经液化，液化度达到了 1.0，而沉箱下的置换砂中液化度未达到较高值，最高约 0.6，未发生液化，主要是沉箱自重产生的初始剪应力促使其液化度难以升高。

比较算例 1 和算例 3 的计算结果，水平变形从 3.41 m 降到 1.35 m，倾斜角从 3.15° 降到 1.40°，说明地震中回填土的液化度对码头残余侧向变形和倾斜角影响很大；比较算例 2 和算例 4 的计算结果也可以得出，地震中回填土的剪胀作用使得沉箱顶部产生的侧向残余变形约是由地震惯性力引起的变形的 1.5 倍，倾斜角约为 1.8 倍；比较算例 2 和算例 3 的结果得出，置换砂地震过程中虽未达到液化，但它的剪胀作用使得沉箱产生较大的侧向和垂直向变形，一般是由地震惯性力引起的变形的 1.5 ~ 1.8 倍。各种算例的比较结果都说明了地震中回填土的液化度对码头的残余变形起着很重要的影响。

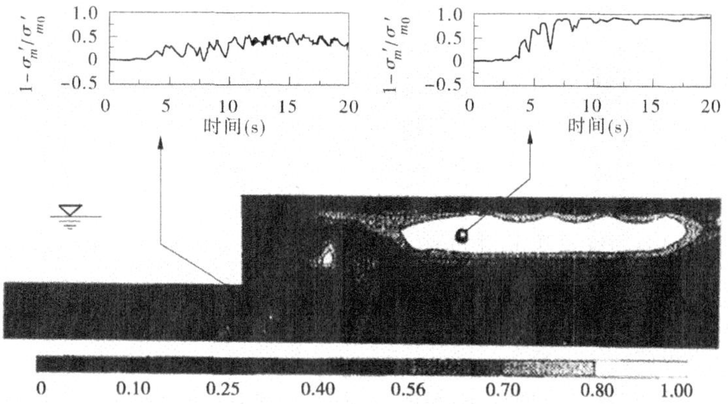

图 1-10 超静孔隙水压力比等值线分布

1.5 本章小结

通过回顾和比较目前国内外衡量液化程度和危害性的评价方法,得出存在的经验方法都有只适用于自由场地、衡量指标较多、难以在工程中统一使用以及没有具体的物理含义等缺点,提出了既适用于自由场地又可适用于非自由场地的液化度物理指标。将超静孔隙水压力比定义为液化度,该指标可将液化场地的液化前后的地震行为与地震后残余变形联系起来。结合码头离心机试验模型和 1995 年日本阪神大地震中神户港的一沉箱码头震害实例进行了分析,例证考虑液化度研究重力码头地震残余变形的重要性。

参考文献

[1] 周建, 白冰, 徐建平. 土动力学理论与计算[M]. 北京:中国建筑工业出版社, 2001.

[2] The Committee of Soil Dynamics of Geotechnical Engineering Division. Definition of terms related to liquefaction[J]. Journal of Geotechnical Engineering. ASCE, 1978, 104(GT9): 1192-1120.

[3] 刘汉龙, 陆绍俊. 1995 年日本阪神大地震及其震害[C]//第五届全国土动力学学术会议论文集. 大连:大连理工出版社, 1998:550-555.

[4] 刘惠珊. 1995 年阪神大地震的液化特点[J]. 工程抗震, 2001(1): 21-26.

[5] 刘汉龙,周健. 大地震作用下构造物、地基与流体协同变形分析[J]. 水利学报, 1999(9): 51-56.

[6] 岩崎敏男. 地盘流动化的判定方法[J]. 土木技术资料,1978,20(4):40-45.

[7] O Monge, D Chassagneux, P Mouroux. Methodology for liquefaction hazard studies new tool and recent applications[J]. Soil Dynamics and Earthquake Engineering, 1998(17):414-425.

[8] Murakami S, Yasuhara K, Suzuki N. Vulnerability Assessment To Liquefaction Hazard Induced By Rising Sea-levels Due To Global Warning[C]//International conference on geotechnical engineering for disaster mitigation and rehabilitation, 2005:571-576.

[9] Iwasaki T, Tokida K, Tatsuoka F, et al. Microzonation for soil lique-faction potential using simplified methods[C]//Proceedings of 3rd international conference on microzonation, Seattle, 1982(3):1319-1330.

[10] Sonmez H. Modification to the liquefaction potential index and liquefaction susceptibility mapping for a liquefaction-prone area (Inegol,Turkey)[J]. Environmental Geology, 2003, 44(7):862-871.

[11] Seed H B, Idriss I M. Ground motions and soil liquefaction during earthquakes[J]. Earthquake Engineering Research Institute University of California,1982.

[12] Chen C J, Juang C H. Calibration of SPT-and CPT-based liquefaction evaluation methods[J]. Geo-denver,2014:49-64.

[13] Juang C H, Yuan H, Lee D H, et al. A simplified CPT-based method for evaluating liquefaction potential of soils[J]. J Geotech Geoenviron Eng, 2003,129(1):60-80.

[14] Lee D H, Ku C S, Yuan H . A study of the liquefaction risk potential at Yuanlin, Taiwan[J]. Engineering Geology,2003(71):97-117.

[15] H Sonmez,C Gokceoglu. A liquefaction severity index suggested for engineering practice [J]. Environmental Geology, 2005,48(1):81-91.

[16] Juang C H, Fang S Y,Li D K. Reliability analysis of soil liquefaction potential [C]//Geo-technical Special Publication,2005(133).

[17] David Kun Li,Juang C H. Mapping Liquefaction Hazard in Charleston Quadrangle, South Carolina[C]//International conference on geotechnical engineering for disaster mitigation and rehabilitation,2005:564-570.

[18] C Hsein Juang, Haiming Yuan , David Kun Lia, et al. Estimating severity of liquefaction-induced damage near foundation [J]. Soil Dynamics and Earthquake Engineering, 2005,25:403-411.

[19] Jean-Pierre Bardet, M EERI, Tetsuo Tobita,et al. Regional Modeling of Liquefaction-Induced Ground Deformation[J]. Earthquake Spectra, 2002,18(1):19-46.

[20] Yeh C H, Loh C H, Tsai K C. Overview of Taiwan Earthquake Loss Estimation System[J]. Natural Hazards,2006,37(1-2):23-37.

[21] G Papathanassiou, S Pavlides, B Christaras. Correlation of liquefaction potential index with the type of liquefaction-induced ground deformation[J]. Geophysical Research Abstracts, 2006,8.

[22] 周云东. 地面液化引起的地面大变形试验研究[D]. 南京:河海大学, 2003.

[23] 陈育民. 砂土液化后流动大变形试验与计算方法研究[D]. 南京:河海大学,2002.

[24] 黄志全,姚海慧,王玲玲,等. 砂土液化判别的液化系数法[J]. 华北水利水电学院学报,2005,26(3):42-50.

[25] 顾辉,王云仓. 南水北调中线京石河北段工程地基土液化判别与对策[J]. 水利水电技术,2005,36(4):28-30.

[26] 中华人民共和国建设部. GB 50011—2010 建筑抗震设计规范[S]. 北京:中国建筑工业出版社,2001.

[27] 陈国兴,李方明. 基于径向基函数神经网络模型的砂土液化概率判别方法[J]. 岩土工程学报,2006,28(3):301-30.

[28] 汪闻韶. 剪切波速在评估地基饱和砂层地震液化可能性中的应用[J]. 岩土工程学报,2001,23(6):654-658.

[29] Yasushi Sasaki. Reduction and rehabilitation of seismic damage to river dikes in JAPAN[C]//International conference on geotechnical engineering for disaster mitigation and rehabilitation. Singapore:World Scientific Publishing Company,2005:212.

[30] Zeng X. Dynamic centrifuge tests on quay walls[C] // Technical Report CUED/D-SoiMTR251. Cambridge University, England, 1992.

[31] S P Gopal Madabhushi. Modeling of deformations in Dynamic Soil-Structure Interaction Problems[C]. Cambridge University, 1996.

[32] 刘汉龙, 井合进, 一井康二. 大型沉箱式码头岸壁地震反应分析[J]. 岩土工程学报, 1998, 20(2): 22-30.

第2章　重力码头地震残余变形的拟静力计算法

2.1　引　言

2.1.1　重力式码头地震变形分析的重要性

世界经济在高速增长，港口在全球供应链中有着不可替代的作用。中国港口快速发展更是全球港航业界关注的议题，由于市场的需求推动了大港口码头的发展，港口码头的年吞吐量逐年显著增加[1]。重力式码头一直因为具有整体性好、抗震性能强、地基应力较小、耐久性及适应性强等优点在工程中得到应用；尤其近年来我国引进国外先进技术，采用深层水泥搅拌法加固海上软基来探索与尝试建设重力式码头，促使重力式码头仍会在以后的工程中得到广泛应用[2]。重力式码头一般由基础、墙身、胸墙、墙后回填料和码头设施等组成。墙身构件主要有方块、沉箱、扶壁、大直径圆筒等。重力式沉箱结构码头是我国分布较广、使用较多的一种码头结构型式，其结构坚固耐久、抗冻和抗冰性能好；能承受较大的地面荷载和船舶荷载，对较大的集中荷载以及码头地面超载和装卸工艺变化性较强，维修费用少，施工进度快，是比较受港务部门和施工单位欢迎的码头结构型式。

1995 年 1 月 17 日 5 时 46 分，在日本关西地区兵库县南部神户和大阪一带发生了里氏 7.2 震级的都市直下型大地震，震中位于淡路岛北部距神户市区西部 10 km 处，震源深度为 20 km。神户港是日本第二大国际港口，地震中两座人工岛砂土液化严重，几乎所有岸壁崩塌，滑向大海，连接神户市和人工岛的跨海大桥也损坏严重，使日本第二大港神户港顿失生机。重力式沉箱结构被广泛用于港口码头和挡墙岸壁，地面最大地震加速度达到 0.6g，从而导致大量沉箱岸壁严重破坏[3]，地震后调查表明，沉箱顶部水平残余变形最大达 5 m，平均为 3.5 m，残余沉降为 1 ~ 2 m，海侧倾斜角 3° ~ 5°。

1999 年 9 月 21 日 1 时 47 分 12.6 秒，震中在北纬 23.87°、东经 120.78°，位于台湾南投县集集镇，震源深度 8 km，里氏震级达 7.3。此次地震是因车笼埔断层的错动，并在地表造成了长约 100 km 的破裂带，全岛均感受到严重摇晃。云林县砂土液化破坏严重，当地的台昌（Taichung）港在震中的西北向，距震中 55 km，港口是由建立在水力回填砂土上的 45 个船坞码头组成的，这些码头都是沉箱式的岸壁，地震中遭受了严重的破坏。图 2-1 为典型的重力式沉箱码头结构。

震害实例表明重力码头在地震中遭受了巨大的破坏，发生了很大的残余变形，因为大地震中较大的残余变形不仅造成码头本身的破坏，而且给附近的土构造物带来毁坏。从结构抗震安全性的角度而言，真正对结构物安全性起控制作用的是变形问题而非强度问题，同时随着性态抗震设计概念的提出，基于性态抗震设计的思想，以变形为准则来衡量

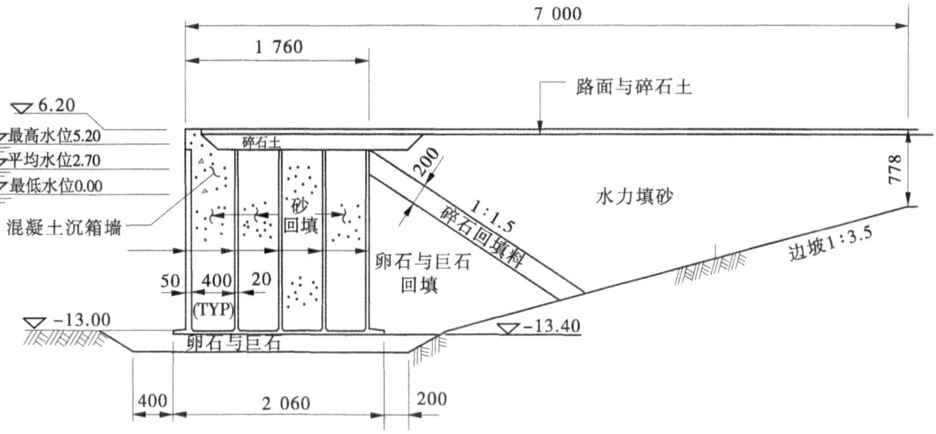

图 2-1　港口典型的重力式沉箱码头结构剖面　（单位:尺寸,mm;高程,m）

岩土构筑物的抗震性能在近年来逐渐成为一种发展趋势,这种方法考虑的是构筑物在地基液化中发生的变形量,依此来进行抗震设计[4]。目前,新的国际岩土工程抗震设计标准（ISO23469）以系统的方式在统一的框架下解决土与结构的动力相互作用以及液化效应等问题[5]。因此,准确、简单地进行液化变形的预测成为岩土地震工程中的重点问题。国外的许多学者已经就液化变形的分析方法展开了大量的研究[6]。因此,对于我国,地处环太平洋地震带和喜马拉雅—地中海地震带之间的多地震的国家,在重力式码头地震安全设计中,预测地震载荷引起的挡墙残余变形是目前较重要的研究课题。

以变形作为设计控制标准的概念逐渐被广泛接受,因此对地震导致的场地和构筑物的变形,特别是大变形的预测是结构性态抗震设计的需要,具有重要的工程研究意义,且土工测试技术的发展也使得这种较复杂问题的研究成为可能,因为研究的目的在于揭示饱和砂土地震液化后的复杂特性和变形机制,以及给出预测的方法和防治措施等,为工程建设的经济效益和安全可靠性提供了一定的保障。如今,经济快速发展,基础设施建设日益繁荣,探讨各种构筑物的抗震性能、地震中的破坏机制和预防或减少地震灾害发生对策的研究已经具有了重要的实际意义。

2.1.2　问题的提出

关于土工构筑物地震残余变形的计算相对较少,国内外有些学者基于 Newmark 滑块法修改和延伸,建立了堤坝和码头等构筑物的地震滑动变形的计算方法[7]。

然而,很多情况下码头挡墙的旋转变形是最可能发生的重要破坏形式,滑块法未能研究旋转角变形,但 Steedman 和 Zeng[8] 采用了旋转块体法对挡土墙的变形做了先行研究,D. Choudhury[9] 在其基础上研究了被动状态下的角变形。但他们的不足之处是视回填砂土为干土,没有考虑到码头墙后回填砂土的超静孔隙水压力对码头变形的影响,由前面第 1 章的试验测试结果和数值分析结果可知地震过程中回填砂土里的孔隙水对码头的变形影响很大。

2.1.3　重力码头地震残余变形拟静力法研究进展

由于土的弹塑性性质,地震后产生的一些变形不能恢复,造成土工构筑物在地震载荷作用下产生变形，称为地震后残余变形。关于地震引起的残余变形可以根据液化程度的大小分为三类，即地震惯性力引起的变形、液化引起的变形、液化后大变形。重力式码头的地震变形研究也归纳为震害调查、简化分析、室内试验以及数值分析四种方法。

国际港工结构地震设计规范（2005）[10,11]中将码头作为一刚性块体，基于力平衡法，通过一峰值地基加速度或者等效地震系数用于常规的拟静力设计程序中，主要是研究码头的滑动与翻转的稳定性以及承载能力的损失，采用 Mononobe-Okabe 拟静力法计算动主动土压力，基于力平衡法计算重力码头的稳定安全系数，在提到回填砂土超静孔隙水压力影响时，指出将土内摩擦角简单折减来考虑其影响；在提到变形控制码头安全时，指出结合历史上码头实例的震后调查数据进行统计分析，得出安全系数与变形之间的经验关系，用于码头地震安全设计。

R. S. Steedman 和 X. Zeng（1992，2000）[8,12]将重力挡土墙作为一刚性块体，提出旋转块体法，基于力平衡计算滑动和旋转门槛加速度，推算挡土墙的地震变形，根据计算力的方法不同可分为拟静力分析和简单动力分析。拟静力法一直以来因为简单方便的优点成为工程设计最常采用的方法，在码头、挡土墙和边坡等工程中应用很广泛[12-28]。

本章先从拟静力法开始研究，在第 1 章提出的用液化度指标考虑码头后回填砂土的超静孔隙水压力发展水平的基础上[29]，修正传统的 Mononobe-Okabe 拟静力法计算码头身的动土压力，同时考虑水平和竖向地震载荷的影响，选用 Zeng 的旋转块体法建立码头以 RB（rotation about the base of the wall）旋转运动模式的地震残余角变形的计算方法，然后进一步给出码头墙绕基础转动的 RB 模式和水平变位的 T（translation）模式组成的耦合运动的码头残余变形计算方法。由于码头地震过程中受力复杂，本书研究的是码头墙体主动状态下向外运动的地震残余变形。

2.1.4　引进指标的理由

前面讨论的液化危害评价方法基本是采用的强度概念，从岩土结构物抗震安全中液化问题的研究核心已不是强度问题，而是变形问题，过去历次大地震震害调查结果也证实这一点，即液化本身并不可怕，抗震设计需要考虑的是液化到底对岩土结构物产生了多大变形，是否在构筑物允许的范围之内。

根据液化程度的大小可将地震引起的残余变形分为三类，即地震惯性力引起的变形、液化引起的变形、液化后大变形。规范只判别是否液化，对于液化范围全部进行地基处理，如不液化，则不予处理；没有根据实际情况将变形的三种情况分别加以对待，这样的做法已不经济和不安全。所以，将液化度与土工构筑物的变形联系起来是目前比较重要的研究课题。

2.2　计算模型与基本假定

重力式码头在震害中经常出现码头背离回填土方向向着墙体上游运动，产生一定的残余变形。在这一状态下，码头岸墙的受力模型如图 2-2 所示，回填土对墙体产生地震主动土压力，码头前自由水体产生的动水压力方向也是朝着码头向外，地震惯性力中水平和

垂直向加速度系数 k_h 和 k_v 的方向取图 2-2 所示的组合。为便于分析问题,做了如下一些基本假定:

(1)码头墙和支撑它的地基是刚性的,地震作用下码头被视为绕着墙趾 O 点向外旋转和滑动,做 RB 运动和 T 运动模式;

(2)码头墙后回填砂土跟着码头墙体向外运动,墙体不能往回旋转;

(3)忽略地震主动土压力方向的变化。

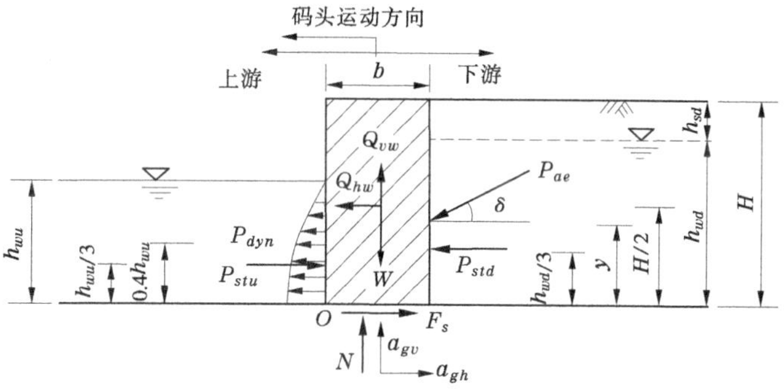

图 2-2　码头地震作用下受力分析模型

图 2-2 中:P_{ae} 为作用在码头上的动土压力;W、Q_{hw} 和 Q_{vw} 分别为作用在墙体上的重力、水平惯性力和垂直惯性力;P_{dyn} 为墙前动水压力;P_{stu} 和 P_{std} 分别为上、下游静水压力;N 为基础法向力;b 和 H 分别为码头的宽和高;h_{sd} 和 h_{wd} 分别为回填砂土地下水位之上和之下的深度;h_{wu} 为墙前水深;a_{gh} 和 a_{gv} 分别为地基的水平加速度和竖向加速度;δ 为墙体摩擦角。

2.3　考虑液化度的计算载荷的确定

2.3.1　动主动土压力的计算

为了考虑回填砂土地震过程中超静孔隙水压的发展水平,本书在港工国际规范(2005)[11]计算动土压力的方法基础上进行修正,即在 Mononobe-Okabe 传统拟静力法计算码头墙身的地震动主动土压力的基础上引进液化度 E_l 指标[29]进行修正,修正的动主动土压力 P_{ae} 计算如式(2-1),视作用点高度 y 位于墙体的 $H/3$ 处。

$$P_{ae} = \frac{1}{2}K_{ae}H^2\gamma_e(1 - k'_v)\left(1 - \frac{\Delta u}{\sigma'_{v0}}\right) = \frac{1}{2}K_{ae}H^2\gamma_e(1 - k'_v)(1 - E_l) \qquad (2\text{-}1)$$

等效土单元容重 γ_e 的计算如式(2-2)所示。

$$\gamma_e = \gamma_{wet}\left[1 - \left(\frac{h_{wd}}{H}\right)^2\right] + \gamma_b\left(\frac{h_{wd}}{H}\right)^2 \qquad (2\text{-}2)$$

当完全浸入水中时,动主动侧压力系数 K_{ae}、修正的地震系数 k'_h 与地震惯性角 ψ 计算式如下:

$$K_{ae} = \frac{\cos^2(\varphi - \psi)}{\cos\psi\cos(\psi + \delta)\left[1 + \sqrt{\dfrac{\sin(\varphi + \delta)\sin(\varphi - \delta)}{\cos(\delta + \psi)}}\right]^2} \qquad (2\text{-}3)$$

$$\psi = \arctan(\frac{k'_h}{1 - k_v}) \tag{2-4}$$

$$k'_h = \frac{\frac{1}{2}\gamma_{wet}h_{sd}^2 + \gamma_{wet}h_{wd}h_{sd} + \frac{1}{2}\gamma_{sat}h_{wd}^2}{\frac{1}{2}\gamma_{wet}h_{sd}^2 + \gamma_{wet}h_{wd}h_{sd} + \frac{1}{2}\gamma_b h_{wd}^2}k_h \tag{2-5}$$

式中：γ_b 为浮容重，$\gamma_b = \gamma_{sat} - \gamma_w$；$\gamma_{wet}$为地下水位上湿容重；$\varphi$ 为水平回填土的内摩擦角；δ 为回填土与墙面的摩擦角；ψ 为地震惯性角，即地震作用时合成加速度与竖直线的夹角(°)。

2.3.2 上下游水压力的计算

2.3.2.1 上游水压力

由于码头前自由水体的存在，作用在墙前的静水压力计算如式(2-6)所示，作用在墙前的动水压力采用 Westergaard 法计算，如式(2-7)所示。

$$P_{stu} = \frac{1}{2}\gamma_w h_{wu}^2 \tag{2-6}$$

$$P_{dyn} = \frac{7}{12}k_h\gamma_w h_{wu}^2 \tag{2-7}$$

2.3.2.2 土颗粒孔隙水压力

土颗粒中的孔隙水受到土颗粒的限制而随土颗粒一起移动称为受限水，不会产生动水压力，只有静水压力 P_{std1}，用式(2-8)计算；而不受土颗粒限制的自由孔隙水在地震过程中随着液化度的升高逐渐产生水压力，这里仍用静水压力观念求解，考虑液化度 E_l 的自由孔隙水产生的水压力计算式如式(2-9)所示。

$$P_{std1} = \frac{1}{2}\gamma_w h_{wd}^2 \tag{2-8}$$

$$P_{std2} = \frac{1}{2}(\gamma_e - \gamma_w)E_l H^2 \tag{2-9}$$

随着液化度增长的下游水压力为：

$$P_{std} = P_{std1} + P_{std2} = \frac{1}{2}\gamma_w h_{wd}^2 + \frac{1}{2}(\gamma_e - \gamma_w)E_l H^2 = \frac{1}{2}[\gamma_w \frac{h_{wd}^2}{H^2} + (\gamma_e - \gamma_w)E_l]H^2 \tag{2-10}$$

动土压强沿着码头墙身的分布为：

$$p_{ae} = K_{ae}\gamma_e(1 - k'_v)(1 - E_l)h \tag{2-11}$$

水压强分布为：

$$p_{std} = [\gamma_w \frac{h_{wd}^2}{H^2} + (\gamma_e - \gamma_w)E_l]h \tag{2-12}$$

将回填砂土作用在墙背上的作用力视为随着液化度的变化从固体土的动土压力逐渐转变为土颗粒孔隙水的静水压力，故作用在码头墙背上总的水平压强为：

$$p_{total} = K_{ae}\gamma_e(1 - k'_v)(1 - E_l)h\cos\delta + [\gamma_w \frac{h_{wd}^2}{H^2} + (\gamma_e - \gamma_w)E_l]h \tag{2-13}$$

2.4　门槛加速度系数的确定

本书引用 Zeng 等的旋转块体法思想来分析兼具挡土和挡水功能的重力式码头的地震变形。本书在其基础上考虑墙后回填砂土在地震过程中的液化度影响，同时考虑水平与竖向地震载荷的影响分析码头地震残余变形。旋转块体法的具体思路和分析方法如下[30,31]。

2.4.1　旋转门槛加速度系数的计算

在码头开始倾斜瞬间，旋转弯矩与抗倾覆弯矩平衡，计算力参见图 2-3，弯矩平衡表达式如下：

$$k_{trh}Wy_c + P_{ae}\cos\delta \cdot y + P_{dyn} \cdot 0.4h_{wu} + P_{std}h_{wd}/3 - P_{stu}h_{wu}/3 = (1 - k_{trv})Wx_c + P_{ae}\sin\delta \cdot b \tag{2-14}$$

式中：b 为墙宽；y 为动主动土压力的作用点高度；x_c 和 y_c 为码头质心到旋转点 O 的水平距离与垂直距离。

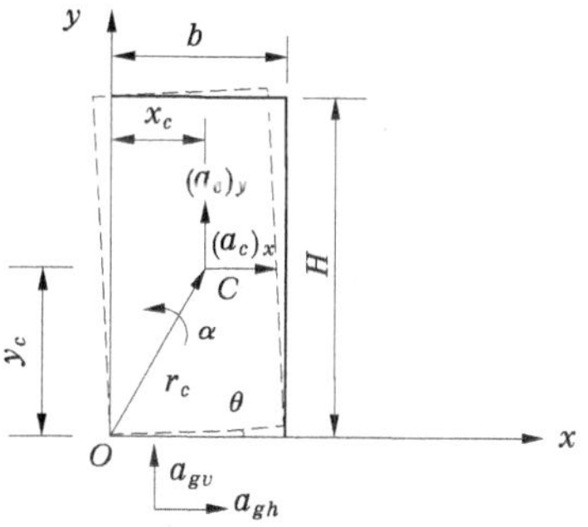

图 2-3　码头地震旋转加速度分析模型

通过式(2-14)，可计算出旋转门槛水平加速度 $a_{trh} = k_{trh}g$。

2.4.2　滑动门槛加速度系数的计算

在码头开始滑动瞬间，码头底端上的运动摩擦力达到最大值，水平向力平衡表达式为：

$$k_{tsh}W + P_{ae}\cos\delta + P_{dyn} + P_{std} = P_{stu} + [(1 - k_{tsv})W + P_{ae}\sin\delta]\tan\delta_b \tag{2-15}$$

式中：W 为码头自重；δ_b 为码头基础与墙身间的摩擦角。

可计算出旋转门槛水平加速度 $a_{tsh} = k_{tsh}g$。

2.5　残余变形的计算

2.5.1　旋转运动的残余变形计算

当地面最大加速度超过旋转门槛值但没有超过滑动门槛值时，重力式码头墙体只有倾斜发生，即码头运动模式为 RB 模式，地震作用下码头绕着墙趾 O 点向外旋转。码头墙地震时单独向外旋转的加速度分布如图 2-3 所示，虚线为变形后的码头轮廓。

当旋转开始时，绕 O 点旋转的运动矩方程为：

$$\sum M_o = -y_c(W/g)(a_c)_x + x_c(W/g)(a_c)_y + I_c\alpha \tag{2-16}$$

式中：M_o 为绕 O 点旋转的弯矩；$(a_c)_x$ 和 $(a_c)_y$ 为码头墙的中心加速度 $\vec{a}_c$ 在 x 向和 y 向的分量；I_c 是墙绕质心的极惯性矩，$I_c = bH(b^2 + H^2)(\gamma_c/g)/12$。

质心 C 加速度为三部分之和：

$$\vec{a}_c = \vec{a}_g + \alpha \times \vec{r}_c - \omega^2 \vec{r}_c \tag{2-17}$$

式中：$\vec{a}_c$ 为码头墙质心加速度向量；$\vec{a}_g$ 为地基表面加速度向量；$\vec{r}_c$ 为旋转点 O 到质心 C 的距离向量；α 为旋转角加速度；ω 为旋转角速度；$a_{gh}(=k_h g)$ 和 $a_{gv}(=k_v g)$ 分别为地基表面水平加速度与竖直向加速度。

质心的水平向和竖直向的加速度为：

$$(a_c)_x = a_{gh} - \alpha y_c - \omega^2 x_c \tag{2-17a}$$

$$(a_c)_y = a_{gv} + \alpha x_c - \omega^2 y_c \tag{2-17b}$$

将式(2-17)代入到式(2-16)中并计算 $\sum M_o$ 得：

$$\begin{aligned} & k_h W y_c + P_{ae}\cos\delta \cdot y + P_{dyn} \cdot 0.4h_{wu} + P_{std}h_{wd}/3 - P_{stu}h_{wu}/3 - (1-k_v)Wx_c - P_{ae}\sin\delta \cdot b \\ & = (W/g)x_c^2\alpha + (W/g)y_c^2\alpha + (W/g)a_{gv}x_c - (W/g)a_{gh}y_c + I_c\alpha \end{aligned} \tag{2-18}$$

根据式(2-18)得出旋转角加速度为：

$$\begin{aligned} \alpha = & [k_h W y_c + P_{ae}\cos\delta \cdot y + P_{dyn} \cdot 0.4h_{wu} + P_{std}h_{wd}/3 - P_{stu}h_{wu}/3 - (1-k_v)Wx_c - \\ & P_{ae}\sin\delta \cdot b + (W/g)a_{gh}y_c - (W/g)a_{gv}x_c]/[(W/g)x_c^{\ 2} + (W/g)y_c^{\ 2} + I_c] \end{aligned} \tag{2-19}$$

地震波动结束，码头的旋转开始减慢，没有了地震力、运动惯性矩和动水压力，角加速度 α 计算式变为：

$$\begin{aligned} \alpha = & (P_{ae}\cos\delta \cdot y + P_{std}h_{wd}/3 - P_{stu}h_{wu}/3 - Wx_c - P_{ae}\sin\delta \cdot b)/ \\ & [(W/g)x_c^2 + (W/g)y_c^2 + I_c] \end{aligned} \tag{2-20}$$

为了简单分析问题，拟静力法的计算中假定回填土里的加速度是均匀的且和地基加速度一样，即动主动土压力 P_{ae} 里的地震系数采用地基加速度系数计算，后面第 4 章的拟动力法中将具体考虑加速度沿回填土和墙身不同的情况。

通过对旋转角加速度的时间积分得到旋转角速度，再通过旋转角速度的时间积分得到角变形，计算式分别如下：

$$\omega = \int_0^t \alpha \mathrm{d}t \tag{2-21}$$

$$\theta = \int_0^t \omega \mathrm{d}t \tag{2-22}$$

2.5.2 旋转与滑动耦合的残余变形计算

当地基加速度峰值既大于码头的滑动门槛加速度，又大于码头的旋转门槛加速度时，滑动与旋转在地震过程中可能同时发生；同时发生时，两运动将会相互影响。先根据式(2-14)与式(2-15)确定滑动与旋转的各自门槛加速度，较低门槛加速度的运动将先开始，之后将影响另一运动的门槛加速度，具体的耦合运动机制分析如下。

2.5.2.1 滑动先开始的耦合变形

当 $k_{ts} < k_{tr}$ 时，码头先滑动，已开始滑动的码头的旋转门槛加速度计算式(2-14)需要进行修改，因为在码头旋转的瞬间，码头的水平加速度系数为 k_{ts}，故式(2-14)变为：

$$\begin{aligned} & k_{tsh} W y_c + P_{ae}\cos\delta \cdot y + P_{dyn} \cdot 0.4h_{wu} + P_{std}h_{wd}/3 - P_{stu}h_{wu}/3 \\ & = (1-k_{tsv})Wx_c + P_{ae}\sin\delta \cdot b \end{aligned} \tag{2-23}$$

式中：k_{tsh} 和 k_{tsv} 分别为滑动门槛加速度的水平向系数与竖向系数。

旋转门槛加速度系数 k_{tr} 包含在动土压力 P_{ae} 中，可通过反复试算式(2-23)获得。将式(2-23)改写为下式：

$$k_{tsh}Wy_c + k_{tsv}Wx_c + P_{ae}(\cos\delta \cdot y - \sin\delta \cdot b)$$
$$= Wx_c - P_{dyn} \cdot 0.4h_{wu} + P_{std}h_{wd}/3 - P_{stu}h_{wu}/3 \tag{2-24}$$

从式(2-24)中可以看出，无论液化度处于何种状态，对于给定的一个计算工况，码头前动水压力、静水压力以及墙后回填砂土的静水压力为一确定值，故计算式的右端项为一恒定值，滑动开始使得码头因惯性作用的旋转弯矩减少，土压力作用弯矩将增加，因而旋转门槛加速度系数变大；但模型假定了码头墙后土楔跟着码头向外运动，故作用在码头上的最大动土压力不会再增加和超过刚开始的滑动门槛加速度引起的动土压力，即码头的门槛加速度系数不会再增大，因而码头不可能再产生旋转，只做单个的滑动运动。

2.5.2.2　旋转先开始的耦合变形

当 $k_{tr} < k_{ts}$ 时，码头先向外旋转，旋转码头的加速度分布仍用图 2-3 所示的加速度分析模型。当旋转开始时，利用上节计算方法进行分析；当滑动开始时，需对式(2-15)进行修改来确定滑动门槛加速度系数 k'_{ts}，方程变为：

$$(k'_{tsh}g - \alpha y_c - \omega^2 x_c)(W/g) + P_{ae}\cos\delta + P_{dyn} + P_{std}$$
$$= P_{stu} + [W - (W/g)(k'_{tsv}g + \alpha x_c - \omega^2 y_c) + P_{ae}\sin\delta]\tan\delta_b \tag{2-25}$$

滑动与倾斜的耦合运动方程为：

$$\sum F_x = (W/g)(a_c)_x \tag{2-26}$$

$$\sum F_y = (W/g)(a_c)_y \tag{2-27}$$

$$\sum M_o = -y_c(W/g)(a_c)_x + x_c(W/g)(a_c)_y + I_c\alpha \tag{2-28}$$

滑动开始后，基础摩擦力为 $F_s = N\tan\delta_b$，N 为基础上的法向力，运动方程变为：

$$N\tan\delta_b + P_{stu} - k_hW - P_{ae}\cos\delta - P_{dyn} - P_{sd} = (W/g)(a_c)_x \tag{2-29}$$

$$N - (1 - k_v)W - P_{ae}\sin\delta = (W/g)(a_c)_y \tag{2-30}$$

$$k_hWy_c + P_{ae}\cos\delta y + P_{dyn} \cdot 0.4h_{wu} + P_{std}h_{wd}/3 - P_{stu}h_{wu}/3 - (1 - k_v)Wx_c -$$
$$P_{ae}\sin\delta \cdot b = -y_c(W/g)(a_c)_x + x_c(W/g)(a_c)_y + I_c\alpha \tag{2-31}$$

运动方程中含有的未知变量有 α、ω、N、$(a_c)_x$ 和 $(a_c)_y$，k_v 由 k_h 经验确定，而 ω 是 α 的函数，$(a_c)_y$ 又是 α 和 ω 的函数，如下两式所示，故运动计算式是可解的方程组。

$$(a_c)_y = a_{gv} + \alpha x_c - \omega^2 y_c \tag{2-32}$$

$$\omega = \int_0^t \alpha \mathrm{d}t \tag{2-33}$$

由于假定地基是刚性的，故这里所计算的滑动变形是码头墙趾 O 处的水平向变形，墙趾 O 处的水平加速度可对式(2-17a)改写得到：

$$a_{oh} = (a_c)_x + \alpha y_c + \omega^2 x_c \tag{2-34}$$

墙趾 O 处的速度和滑动变形分别为(当 $v_{oh} \leqslant v_{gh}$ 时)：

$$v_{oh} = \int_0^t a_{oh} \mathrm{d}t \tag{2-35}$$

$$s = \int_0^t (v_{gh} - v_{oh})\mathrm{d}t \tag{2-36}$$

当 $\omega=0$ 时，旋转结束；当 $v_{oh}=v_{gh}$ 时，滑动结束。计算中需根据耦合运动时间特征分成小时段，对于每个小时段按下面的步骤进行计算累加得到残余变形，每个时段的求解过程为：

(1)将滑动开始前旋转运动产生的 α 和 ω 作为滑动开始时刻的初值，由式(2-32)确定$(a_c)_y$，代入式(2-30)确定 N；然后将 N 代入式(2-29)求得$(a_c)_x$，将其代入式(2-31)确定出 α；再将 α 代入式(2-33)确定 ω，与初值比较，若不在容差范围里则将刚算出来的 α 和 ω 值按上面几个步骤重复计算，直到前后计算值的容差在合理范围内，根据式(2-22)计算出该时段的 θ，然后进行步骤(2)。

(2)将步骤(1)确定出的$(a_c)_x$、α 和 ω 代入式(2-34)确定出 a_{oh}，从而依次采用式(2-35)和式(2-36)积分得到该时段的滑动变形，回到步骤(1)进行下一个时间段的计算。

为研究问题的方便，这里拟静力法是将液化度定性地取值来分析残余变形问题，考虑时程变化的特征是后面拟动力法的内容。工程应用中如何合理地确定液化度是此拟静力方法的关键。

2.6 算例与参数讨论

2.6.1 算例 1——旋转运动

重力式码头的几何尺寸：$H=10$ m，$B=8$ m，容重 γ 取 22 kN/m^3，模型见图 2-2，回填砂土的地下水位在地表下 1.5 m，$\varphi=30°$，$\delta=\varphi/2=15°$，$\gamma_{sat}=20$ kN/m^3，$\gamma_{wet}=18$ kN/m^3，取 $h_{wu}/H=0.8$，$k_v=0.5k_h$，即 $a_{gv}=0.5a_{gh}$，采取文献[12]算例中的地震波形式，采用矩形脉冲波动的简单加速度，持续 0.5 s，见图 2-4，峰值为 0.4g。

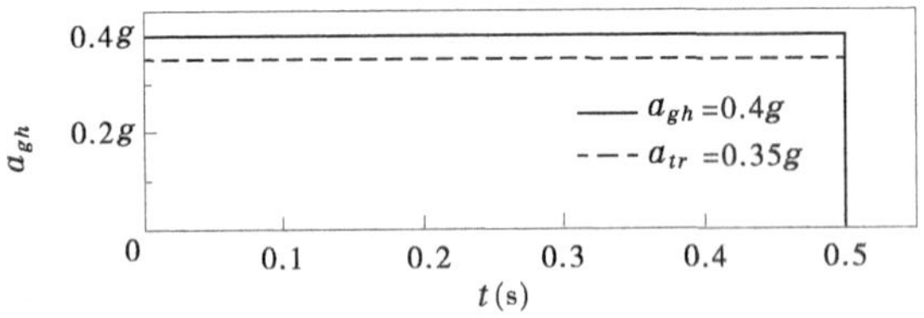

图 2-4 加速度时程曲线

2.6.1.1 液化度影响的码头墙壁压力分布

拟静力法中没有涉及时程变化的参数，故这里分析时是将液化度作为一个定性参数进行分析，E_l 分别取为 0.1、0.5 和 0.9 来定性分析码头墙体上的作用力以及残余变形。根据式(2-1)～式(2-13)计算作用在码头墙身的土压强和水压强，经计算得等效土容重 γ_e 为 11.4 kN/m^3，地震惯性角 ψ 为 29.83°，修正的地震系数 k_h'为 0.57，动主动侧压力系数 K_{ae}为 0.71，动土压强、静水压强以及总压强的水平分布与大小计算结果如图 2-5 所示。由于是拟静力法，各压力沿码头身的分布都为线性分布，空心实线为动土压强，实心实线为水压强，空心虚线为作用在码头上的总压强。从图中可以看出，随着液化度的升高，动土压强逐渐减小，水压强逐渐增大，作用在码头上的总压强也逐渐增大。

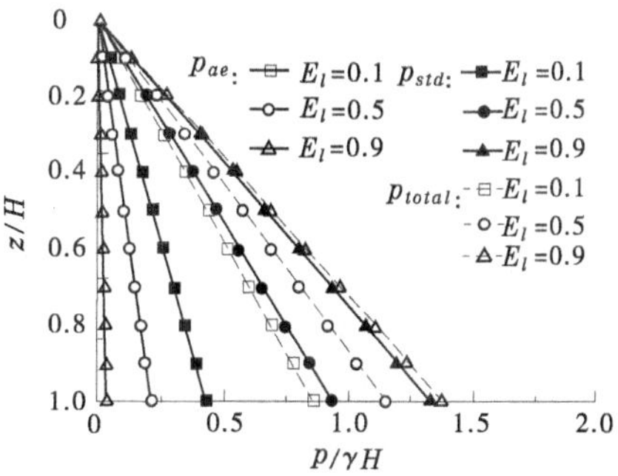

图 2-5　回填土作用在码头上的水平压强分布

2.6.1.2　**残余变形时程计算**

液化度 E_l 取为 0.9。根据式(2-14)，对 k_h 进行反复试算，推出门槛旋转加速度为 0.35g。t=0～0.5 s 时段，$k_h = a_{gh}/g = 0.4$，$k_v = 0.2$，码头将旋转，根据式(2-19)确定旋转角加速度 α 为 0.26 rad/s^2，因此旋转角速度和旋转变形为：

$$\omega = \omega_{t=0} + \alpha t = 0.26t$$

$$\theta = \theta_{t=0} + \omega_{t=0}t + 0.5\alpha t^2 = 0.13t^2$$

t=0.5 s 时，ω=0.13 rad/s，θ=0.033 rad = 1.9°；0.5 s 之后，地震波结束，岸墙的旋转开始减慢，旋转角加速度变为式(2-20)，计算得 α 为 0.65 rad/s^2，旋转角速度为：

$$\omega = \omega_{t=0.5} + \alpha(t - 0.5) = 0.13 - 0.65(t - 0.5)$$

当 ω=0 时，码头停止旋转，停止时刻为 0.7 s，残余角变形为：

$$\theta = \theta_{t=0.5} + \omega_{t=0.5}(t - 0.5) + 0.5\alpha(t - 0.5)^2 = 0.055 \text{ rad} = 3.2°$$

重力码头墙体的旋转角速度和角变形时程变化如图 2-6 所示。

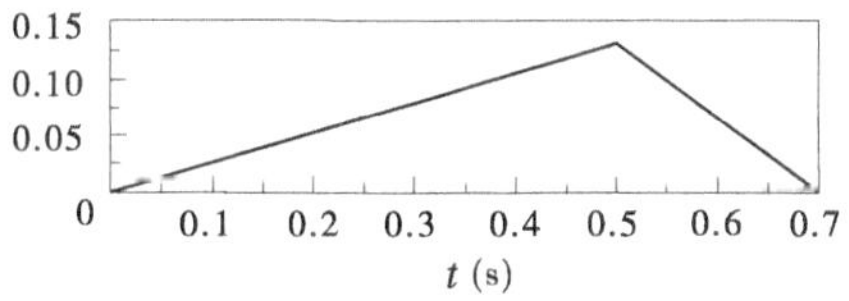

(a)码头墙体的旋转角速度时程曲线

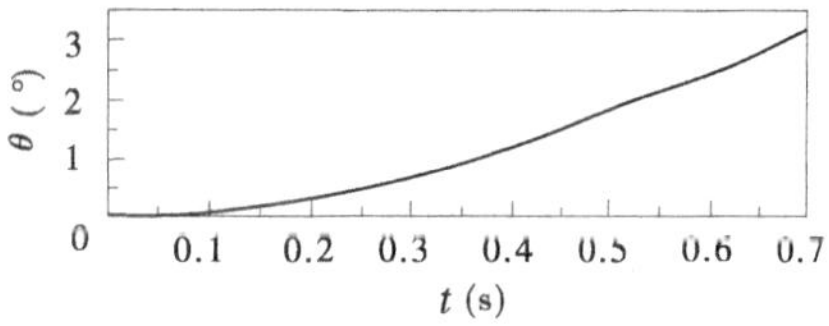

(b)码头墙体的角变形时程曲线

图 2-6　角速度和角变形时程

2.6.2　残余角变形的影响参数讨论

由于影响参数较多，为了分析不同参数对残余角变形的影响，本书在讨论某一参数的影响时，固定其他参数值再进行定性分析。

2.6.2.1　**回填砂土内摩擦角 φ 的影响**

图 2-7 是 φ 分别在 20°、30°、40°和 50°情况下的旋转残余变形与液化度之间的关系图。由图可以看出，旋转残余变形随着回填砂土的内摩擦角的增大而逐渐减小，且残余变形变化趋势随着回填土的液化度升高而增大；内摩擦角较大时，回填砂土的液化度对码头的残余变形影响较大。如 φ = 50°，E_l 从 0.1 增大到 0.9 时，旋转残余角变形 θ 增加了 54%；对于 E_l = 0.3 时，φ 从 20°增大到 50°，旋转残余变形减少了 30%。但对于所有的不同内摩擦强度下的土体，当 E_l 达到 0.9 时，残余变形趋于低摩擦角产生的数值，表明当回填土达到液化时，土的内摩擦角强度影响变小，这体现了国际港工设计规范通过对砂土的内摩擦角强度折减来考虑超静孔隙水压力影响的原因。

2.6.2.2　**墙体摩擦角 δ 的影响**

图 2-8 是码头墙体摩擦角 δ 分别在 −0.5φ、0、0.25φ 和 0.5φ 下的旋转残余变形与液

化度之间的关系图。由图可见，由于墙体摩擦角参照土的内摩擦角而定，所以旋转角变形与墙体摩擦角之间的变化规律类似于回填砂土的内摩擦角变化规律，随着墙体摩擦角的增大，旋转残余变形逐渐减小；残余变形随着液化度升高逐渐增加，但当墙体摩擦角为负值时，相当于变成了被动土压力作用在墙上，残余变形随着液化度升高逐渐减小，这在本书不做详细研究。如 $\delta=-0.5\varphi$ 时，E_l 从 0.1 增大到 0.9，残余角变形下降了近 40%；对于 $E_l=0.3$，δ 从 -0.5φ 增大到 0.5φ 时，角变形减少了 26%；但当液化度达到 0.9 时，所有墙体摩擦角的残余变形趋于墙体摩擦角为 0 时产生的数值，表明当回填土处于高液化度状态时，墙体与回填土间的摩擦对残余角变形的影响甚小。

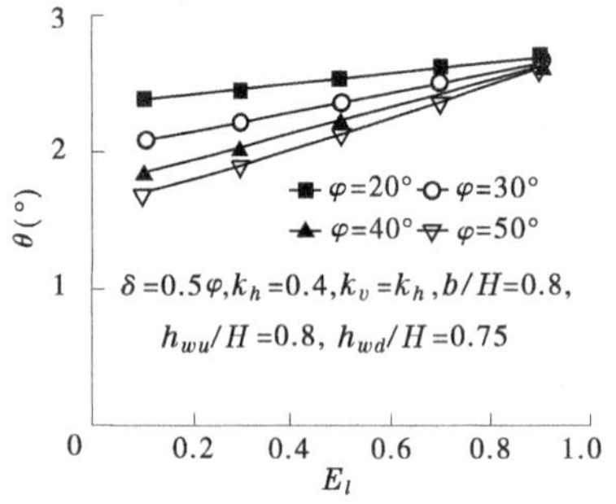

图 2-7　回填砂土内摩擦角的影响

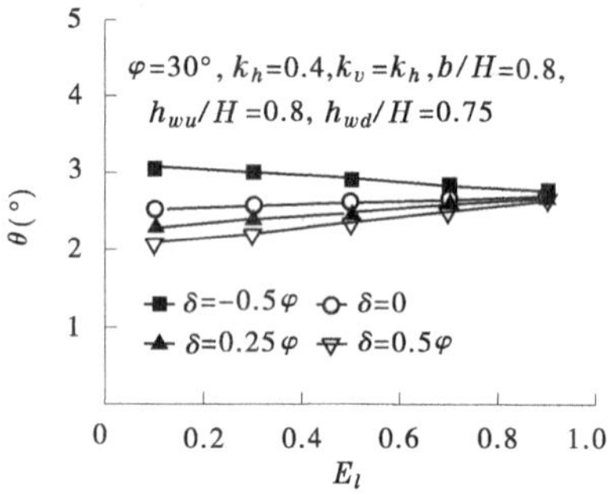

图 2-8　墙体与回填砂土摩擦角影响

2.6.2.3　**水平地震加速度系数 k_h 的影响**

图 2-9 是水平地震加速度系数 k_h 分别为 0.3、0.4 和 0.6 情况下旋转残余变形与液化度之间的关系图。从图中可看出，旋转残余变形随着 k_h 递增而逐渐增大，对于 $E_l=0.3$，当 $k_h=0.3$ 时，残余旋转变形接近于 0，当 $k_h=0.6$ 时，残余角变形增加至 9°左右。如 $k_h=0.4$ 时，E_l 从 0.1 增大到 0.9，残余角变形增加了 28%；当 $k_h=0.6$ 时，E_l 从 0.1 增大到 0.9，旋转残余变形增加了 16%。这表明了码头在不同的地震动系数下，回填砂土的液化度对其角变形具有一定的影响，残余角变形随着水平地震加速度系数的增加而显著增大。

2.6.2.4　**竖向地震加速度系数 k_v 的影响**

图 2-10 是竖向地震加速度系数 k_v 分别为 0、$0.5k_h$ 和 k_h 情况下旋转残余变形与液化度的关系曲线。由图可见，k_v 取不同数值时，残余角变形随着液化度的增加而逐渐增大，且随着 k_v 的增大而逐渐减小。如 $k_v=k_h$，E_l 从 0.1 增大到 0.9 时，旋转残余变形上升了 29%；对于 $E_l=0.3$，k_v 从 0 增大到 k_h 时，残余角变形减少了 10%。结果表明，不同竖向地震加速度系数下，回填砂土的液化度对码头的残余角变形影响都较大，当计入竖直向上的地震加速度时，码头的残余角变形随着竖向地震系数的增加逐渐减小。

2.6.2.5　**回填土地下水位的影响**

图 2-11 是回填土地下水位与码头高之比（h_{wd}/H）分别为 0.25、0.50、0.75 和 1.00（全浸没于水里）工况下的残余角变形与液化度的关系曲线。显然，残余角变形也随着液化度的升高而逐渐增大；当 $h_{wd}/H=0.75$，E_l 从 0.1 升到 0.9 时，残余角变形增大了 28%；回填土完全浸没于水中，即 $h_{wd}/H=1.0$ 时的液化度对残余角变形的影响更显著，E_l 从 0.1 升到 0.9 时，残余变形增大了 47%。h_{wd}/H 越大，残余旋转变形也越大，且增长幅度

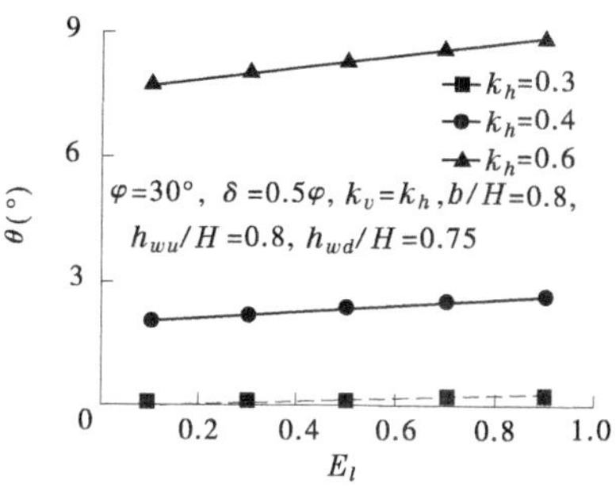

图 2-9　水平地震加速度系数的影响

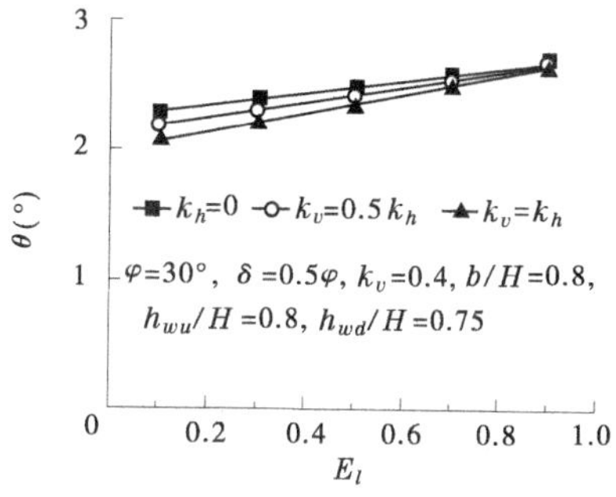

图 2-10　竖向地震加速度系数的影响

也很高，如 E_l = 0.3，h_{wd}/H 从 0.25 增长到 0.50 时，θ 增加了 16%；h_{wd}/H 从 0.50 增长到 0.75 时，θ 增加了 230%；h_{wd}/H 从 0.75 增长到 1.0 时，θ 增加了 275%。这些表明回填土的地下水位对残余角变形有显著的影响，且水位越高，液化度对残余变形的影响越明显，说明了高地下水位对码头的安全是很不利的，也表明了地震中回填砂土的液化度对码头运动具有重要的影响。

2.6.2.6　**码头前水位的影响**

图 2-12 是码头前水位与码头墙高之比（h_{wu}/H）分别为 0、0.8 与 1.0 工况下的残余角变形与液化度的关系曲线。从图中显然看出，不管码头水位的高低，残余角变形随着液化度变化的规律基本一致，随着液化度的升高逐渐增大；且码头前水位越高，残余角变形越小，液化度对其的影响也逐渐升高。如 E_l 从 0.1 增大到 0.9，h_{wu}/H = 0 时，残余变形升高了 26%；h_{wu}/H = 0.8 时，残余变形升高了 28%；h_{wu}/H = 1.0 时，残余变形升高了 31%。当 E_l = 0.3，h_{wu}/H 从 0 增加到 1.0 时，残余变形下降了 35%。这些结果表明，码头前高水位对于码头的旋转变形是有利的。

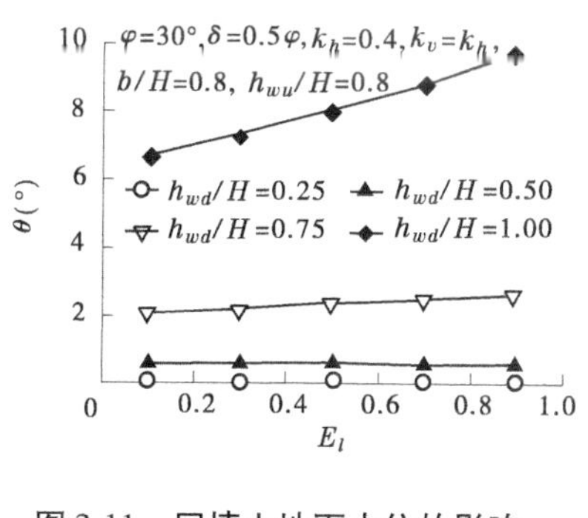

图 2-11　回填土地下水位的影响

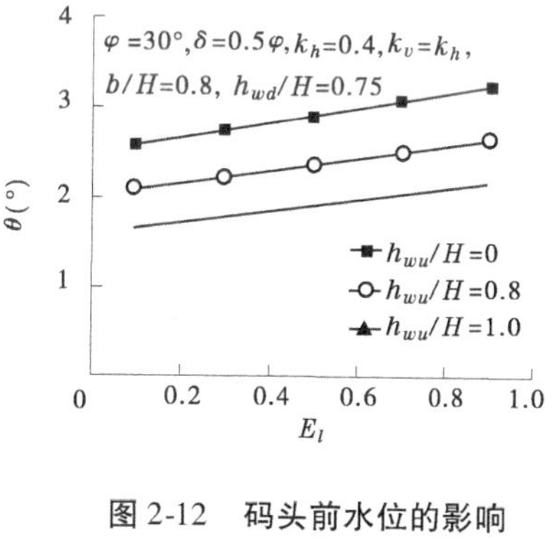

图 2-12　码头前水位的影响

2.6.2.7　**码头墙尺寸的影响**

图 2-13 是码头墙体宽高比 b/H 分别在 0.5、0.8 和 1.2 工况下的残余角变形与液化度之间的关系曲线。从图中看出，随着液化度的升高，残余角变形逐渐增大；宽高比越小，残余变形越大，旋转变形随着 b/H 的增大迅速减小。当 b/H = 0.5，E_l 从 0.1 增大到 0.9 时，θ 升高了 22%；而 b/H = 0.8 时，θ 分别升高了 28%。当 E_l = 0.3，b/H 从 0.5 增大到

0.8 时，残余变形迅速下降了 84%；当 b/H 为 1.2 时，残余变形几乎为 0。结果表明，宽高比较小时码头墙体残余角变形较大，回填土的液化度对不同宽高比下码头的残余角变形都具有一定的影响。

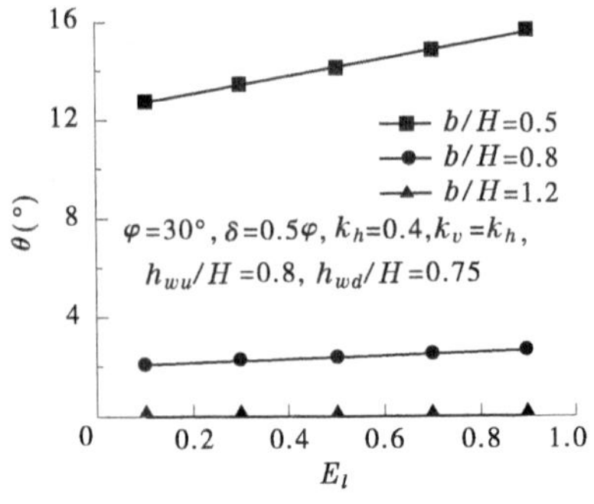

图 2-13　码头墙尺寸的影响

2.6.2.8　**计算方法适用范围**

采用该计算方法在分析问题时发现，对于 $b/H \geqslant 1.2$ 时计算出负值，转为被动状态，与基本假定 2 相违背，故该方法不适用于 $b/H \geqslant 1.2$ 的宽敞码头。一般工程设计中很少会出现如此大宽高比的码头，因此计算方法具有一定的实用性。而实际工程中沉箱码头由于具有整体性好、抗震性能强、地基应力较小、水上安装工作量少、施工速度快等优点，在国内外都已广泛应用。

2.6.3　算例 2——倾斜与滑动的耦合运动

重力式码头尺寸：$H = 10$ m，$B = 8$ m，容重 γ 取 22 kN/m^3，模型见图 2-1，地下水位在回填土表面以下 1.5 m，回填砂土的物理特性：$\varphi = 30°$，$\delta = \varphi/2 = 15°$，$\delta_b = 30°$，$\gamma_{sat} = 20$ kN/m^3，$\gamma_{wet} = 18$ kN/m^3，$h_{wu}/H = 0.8$，$a_{gv} = 0.5a_{gh}$，液化度 $E_l = 0.9$，采取文献[12]算例中的地震波加速度形式，分段采用不同峰值水平的矩形脉冲波动，如图 2-14 所示，0～0.5 s 时段加速度为 $0.4g$，0.5～1.0 s 时段加速度为 $0.6g$。

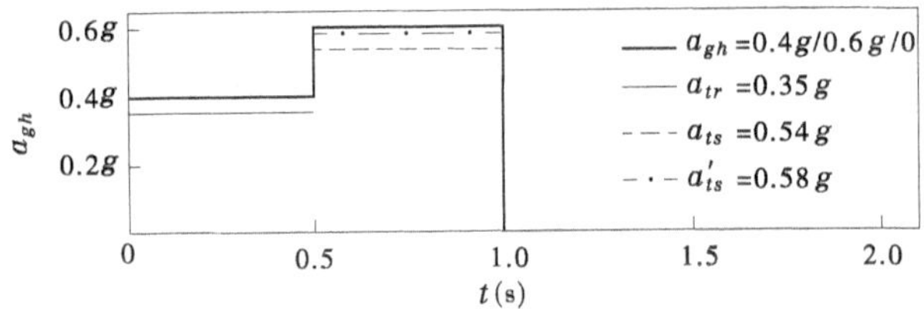

图 2-14　输入的加速度和计算的门槛系数

2.6.3.1　**耦合运动残余变形时程计算**

根据式(2-14)与式(2-15)通过反复试算确定出门槛旋转与滑动加速度分别为 $0.35g$ 和 $0.54g$，标于图 2-14 中。

$t = 0 \sim 0.5$ s 时，$k_h = a_{gh}/g = 0.4$，码头将旋转，根据式(2-19)确定该时段的旋转角加速度 α 为 0.26 rad/s^2；分别根据式(2-21)与式(2-22)计算旋转角速度和旋转角变形：

$$\omega = \omega_{t=0} + \alpha t = 0.26t$$

$$\theta = \theta_{t=0} + \omega_{t=0}t + 0.5\alpha t^2 = 0.13t^2$$

当 $t = 0.5$ s 时，旋转角速度 ω 和角变形 θ 为 0.13 rad/s 和 0.033 rad(1.89°)，$v_{gh} =$ 2.0 m/s。该时刻的滑动门槛加速度 a'_{ts} 由修正式(2-25)计算得出，为 $0.58g$，标于图 2-14 中，表明因为倾斜的影响增加了滑动门槛加速度，由于 0.5 s 之后 k_h 为 0.6，故 0.5 s 后码头开始发生旋转与滑动的耦合运动。

当 $t = 0.5 \sim 1.0$ s 时，$k_h = 0.6$，码头开始进入较复杂的耦合运动中，采用给出的计算方法的计算程序进行分析，码头的初始旋转加速度 α 和角速度 ω 分别为 0.26 rad/s^2 和 0.13 rad/s，$t_1=0.5$ s，时间间隔 Δt 取为 0.01 s，推算出每一时间段内的旋转点 O 的速度需与该时段地基运动速度作比较再计算滑动变形，这一时段的地基运动速度为一简单时间函数：$v_{gh}=2.0+6t$；输出 t_1 到 t_{50} 的计算结果。

当 $t=1.0$ s 时，旋转角速度 ω 和旋转角变形 θ 为 0.35 rad/s 和 0.29 rad(16.5°)；旋转点 O 的速度 $v_{oh}=3.89$ m/s，而 $v_{gh}=5$ m/s，v_{oh} 小于 v_{gh}，说明耦合运动仍然存在。

当 $t=1.0$ s 时，地震动结束，码头旋转开始减慢，没有了惯性力与地基运动惯性矩，将程序中惯性力与地基运动惯性矩赋予 0 值，再用上面的耦合运动的计算程序进行计算，分析出当 v_{oh} 与 v_{gh} 一致时还需 0.22 s 滑动结束，即在 $t=1.22$ s 时，耦合运动停止，输出 t_{51} 到 t_{72} 的计算结果，残余滑动变形为 1.06 m。之后，码头继续做单独旋转，耦合运动结束时刻的角速度 ω 为 0.20 rad/s，角加速度 α 变为 −0.65 rad/s^2 的恒定值，角速度 ω 减小为 0 时旋转才停止，还需要 0.31 s，即当 $t=1.53$ s 时，码头运动停止，输出 t_{86} 到 t_{103} 的计算结果，残余角变形为 0.42 rad(21.9°)。从单独旋转到耦合运动再到单独旋转的计算结果时程曲线如图 2-15 所示。

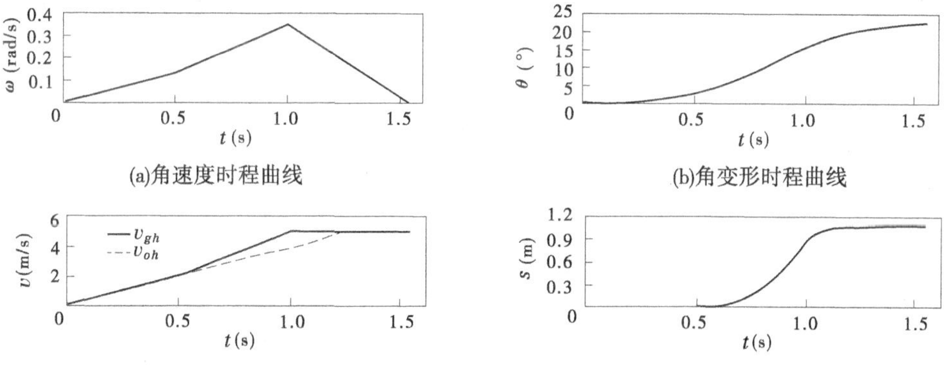

(a)角速度时程曲线　(b)角变形时程曲线

(c)码头墙角 O 的速度时程曲线　(d)码头墙角 O 的滑动变形时程曲线

图 2-15　码头旋转与滑动耦合运动计算结果

2.6.3.2　液化度影响的残余耦合变形的讨论

采用拟静力法定性地分析地震过程中回填砂土的不同液化度对码头残余变形的影响。图 2-16 为液化度 E_l 分别为 0.1、0.5 和 0.9 时码头的残余角变形与滑动变形的时程曲线，图中曲线分布表明不同液化度下时程变化规律基本一致。表 2-1 给出了不同液化度下码头在不同时段产生的具体变形。

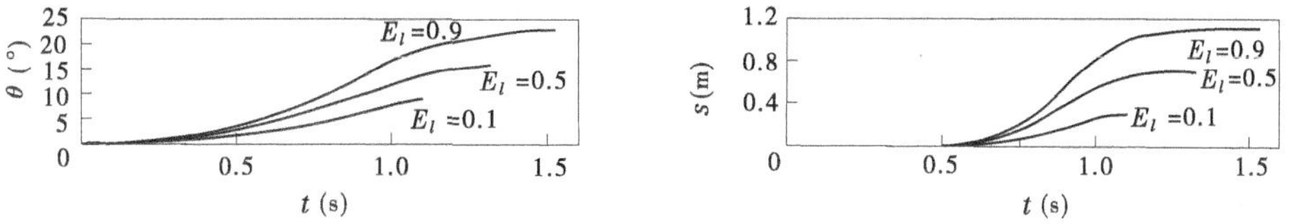

(a)旋转角变形时程曲线　(b)滑动变形时程曲线

图 2-16　不同液化度下耦合运动的计算时程曲线

表 2-1 回填土不同液化度下的码头残余变形计算结果

液化度 E_l	0.1		0.5		0.9	
残余变形	θ(°)	s(m)	θ(°)	s(m)	θ(°)	s(m)
t = 0 ~ 0.5 s	1.23	0	1.44	0	1.89	0
t = 0.5 ~ 1.0 s	6.50	0.27	10.45	0.55	14.58	0.81
t = 1.0 s ~ 停止	1.20	0.03	3.74	0.14	6.51	0.3
停止时刻(s)	1.14	1.10	1.32	1.20	1.53	1.40
总变形(Σ)	8.93	0.30	15.63	0.69	22.98	1.10

由计算结果可见，随着液化度的升高，残余变形逐渐增大，E_l从 0.1 上升到 0.9 时，残余角变形增大了约 157%，残余滑动变形增大 253%，说明液化度对耦合运动下的码头变形的影响更为显著；码头残余变形除了大部分是在地震动过程中产生的外，地震动结束之后到运动停止持续的小时段里仍产生相对较大的值，尤其是高液化度下的码头角变形。从下一章的正弦脉冲分析可以看出，运动变形规律和地震动所采取的形式有着直接关系，拟静力法中采用的简单矩形脉冲，地震动结束后会持续运动一段时间，这段时间内会产生不容忽视的部分残余变形。

2.7 本章小结

本章采用简单的拟静力法对重力式码头的地震残余变形进行了研究，定性地分析了液化度与残余变形的影响参数间的关系，主要的工作和成果如下：

(1)用液化度指标考虑回填砂土地震过程中的超静孔隙水压力的发展水平，将回填砂土作用在墙背上的作用力视为随着液化度的变化从固体土的动土压力逐渐转变为土颗粒孔隙水的静水压力；基于拟静力 Mononobe-Okabe 法计算随液化度变化的动土压力，基于静水压力观点计算随着液化度变化的土颗粒孔隙水压力，同时考虑水平与竖向地震载荷，采用旋转块体法推求重力式码头的地震残余变形。

(2)耦合运动的分析机制同 Zeng 等分析单独挡土墙的规律一致，当 $k_{ts} < k_{tr}$时，码头滑动先发生，之后作用在码头墙身的动土压力不会超过由开始滑动门槛加速度引起的动土压力，因而码头滑动后再发生旋转是不可能的，即根据本书的计算法基本假定，先滑动再倾斜的耦合运动模式是不存在的；当 $k_{tr} < k_{ts}$时，倾斜先发生时会产生滑动而进入耦合运动状态。

(3)残余角变形随着回填砂土内摩擦角的增大逐渐减小，随着回填砂土液化度的升高而增大；内摩擦角较大时，回填砂土的液化度对码头的残余变形影响也较大；当液化度很高时，残余变形都趋向于低摩擦角产生的数值，表明高液化度下土的内摩擦角强度对残余变形的影响减弱，这体现了国际港工设计规范通过对砂土的内摩擦角强度折减来考虑超静孔隙水压力影响的原因。

(4)残余角变形与墙摩擦角之间的变化规律类似于回填砂土的内摩擦角变化规律，

随着墙体摩擦角的增大,残余角变形逐渐减小;残余角变形随着液化度升高逐渐增加;当液化度很高时,产生的残余角变形趋于光滑墙背产生的残余数值,表明回填土液化度很高时,墙体与回填土间的摩擦角对残余变形的影响变小。

(5)残余角变形随着水平加速度系数递增而显著增大,不同的地震动水平加速度系数下,回填砂土的液化度对码头的角变形具有明显的影响;码头的残余角变形随着竖直向上的地震动加速度系数的增加而逐渐减小,不同竖向地震加速度系数下,回填砂土的液化度对码头的残余变形都具有较大的影响。

(6)回填土的地下水位对残余角变形的影响显著,水位越高,残余角变形越大,液化度对残余角变形的影响也越明显;码头前水位越高,残余角变形越小,表明墙前高水位可控制码头向外的旋转变形;码头宽高比较小时产生的残余角变形较大,回填土液化度对不同宽高比码头的残余角变形都具有一定的影响,随着液化度的升高,残余变形逐渐增大;计算方法不适用于宽高比很大的重力式码头。

(7)码头的滑动变形和角变形随着时程逐渐增加;回填砂土的液化度对耦合运动下的码头变形影响更为显著,回填土液化度越高,码头的残余滑动变形和角变形越大;码头的残余变形除了大部分是在地震动过程中产生的外,地震动结束之后仍会产生部分相对较大的残余变形,尤其是高液化度下的码头角变形,在地震动结束到运动停止的较短时段内仍产生不容忽视的部分变形。

参考文献

[1] 王亚辉. 中国港口码头的供与求[J]. 行业聚焦, 2007,4(11): 151-152.

[2] 蒋锡佐. 码头新型结构[M]. 北京:人民交通出版社,1999.

[3] 刘汉龙, 井合进, 一井康二. 大型沉箱式码头岸壁地震反应分析[J]. 岩土工程学报, 1998, 20(2): 22-30.

[4] Gallage C P K, Towhata I, Nishimura S. Laboratory investigation on rate-dependent properties of sand underloading low confining effective stress[J]. Soils and Foundations, 2005, 45(4): 42-60.

[5] 刘汉龙, Iai S. 国际岩土工程抗震设计新标准概述[C]//第七届全国土动力学学术会议论文集. 北京:清华大学出版社, 2006:11-25.

[6] 刘汉龙. 土动力学与岩土地震工程[C]//第九届土力学及岩土工程学术会议论文集. 北京:清华大学出版社, 2003:52-68.

[7] Sung-Ryul Kim, In-Sung Jang, Choong-Ki Chungc, et al. Evaluation of seismic displacements of quay walls[J]. Soil Dynamics and Earthquake Engineering, 2005, 25:451-459.

[8] Steedman R S, Zeng X. The influence of phase on the calculation of pseudo—static earth pressure on a retaining wall[J]. Geotechnique,1990,40(1):103-111.

[9] Choudhury D, Nimbalkar S S. Seismic rotational displacement of gravity walls by pseudo dynamic method: Passive case[J]. Geotechnique 2005,55(9):699-701.

[10] PIANC. Seismic Design Guidelines for Port Structures [S]. Balkema, 2001.

[11] Bases for design of structures-seismic actions for designing geotechnical works[S]. ISO, 23469,2005(E).

[12] Zeng X, Steedman R S. Rotating block method for seismic displacement of gravity walls[J]. J. Geotechn

Geoenviron Eng ASCE,2000,126(8):709-712.

[13] Deepankar Choudhury,Syed Mohd,Ahmad. Stability of waterfront retaining wall subjected to pseudo-static earthquake forces[J]. Ocean Engineering,2007,34:1942-1951.

[14] Robert Shukha, Rafael Baker. Design implications of the vertical pseudo-static coefficient in slope analysis[J]. Computers and Geotechnics ,2008,35:86-96.

[15] C C Smith,M. Cubrinovski. Pseudo-static limit analysis by discontinuity layout optimitzation:Application to seismic analysis of retaining walls[J]. Soil Dynamics and Earthquake Engineering,2011,31:1311-1323.

[16] G V Narasimha Reddy,M R Madhav,E. Saibaba Reddy. Pseudo-static seismic analysis of reinforced soil wall—Effect of oblique displacement[J]. Geotextiles and Geomembranes,2008,26:393-403.

[17] Syed Mohd Ahmad, Deepankar Choudhury. Seismic internal stability analysis of waterfront reinforced-soil wall using pseudo-static approach[J]. Ocean Engineering,2012,52:83-90.

[18] Venanzio R. Greco. Analytical solution of seismic pseudo-static active thrust acting on fascia retaining walls[J]. Soil Dynamics and Earthquake Engineering, 2014,57:25-36.

[19] 祝荃芃. 边坡地震稳定性分析拟静力法的改进[D]. 重庆:重庆大学,2015.

[20] 邓东平,李亮,罗伟. 地震荷载作用下土钉支护边坡稳定性拟静力分析[J]. 岩土力学,2012,33:1782-1791.

[21] 刁玉红. 矩形地下结构地震反应的拟静力解析解[D]. 大连:大连理工大学,2013.

[22] 刘博,孙树林,刘俊,等. 拉裂—滑移式破坏的土坡地震稳定性拟静力分析[J]. 中国煤炭地质,2016,28(11):62-66.

[23] 吕擎峰,殷宗泽,王叔华,等. 拟静力法边坡稳定分析的改进[J]. 岩土力学,2015,26:35-38.

[24] Jennifer J. M. Haskell,Misko Cubrinovski,Brendon A. Bradley. Sensitivity analysis and its role in pseudo-static design of pile foundations[J]. Soil Dynamics and Earthquake Engineering,2012,42:80-91.

[25] Yan Zou,Huabei Liu,Liping Jing,et al. A pseudo-static method for seismic responses of underground frame structures subjected to increasing excitations[J]. Tunnelling and Underground Space Technology,2017,65:106-121.

[26] Stavroula Kontoe , Loizos Pelecanos,David Potts. An important pitfall of pseudo-static finite element analysis[J]. Computers and Geotechnics,2013,48: 41-50.

[27] 王丽艳,井合进. 地震作用下土工格栅加筋土挡墙水平变形的拟静力计算法[J]. 中国公路学报,2015, 28(3): 28-31.

[28] Liyan Wang, Guoxing Chen,Peng Gao,et al. Pseudo-static calculation method of the seismic residual deformation of a geogrid reinforced soil retaining wall with a liquefied backfill[J]. Journal of vibroengineering, 2015, 17(2): 822-840.

[29] 王丽艳,刘汉龙. 用液化度概念评价岩土结构地震液化变形的探讨[J]. 防灾减灾工程学报,2007,27(4):451-456.

[30] 王丽艳,刘汉龙. 拟静力计算含地下水的回填土中重力式墙体的地震残余角位移[J]. 水利学报,2009,40(4):622-629.

[31] 刘汉龙,王丽艳. 重力式码头地震旋转与滑动耦合运动下的残余位移简易算法[J]. 岩土工程学报,2009,31(5) :682-691.

第 3 章　重力码头地震残余变形的拟动力计算法

3.1　引　言

3.1.1　简单动力分析法

拟动力法考虑土体和挡土墙的动力学性质影响,与真实情况更符合,有利于从力学机制上深入分析,近些年,国内外研究还是相对较热[1-24]。本章里所采用的简单动力分析是将码头理想化成一刚块,滑块的变形通过对加速度超过滑动门槛极限的时间历史进行积分,直到块体停止滑动。

Sung-Ryul Kim 等 (2005)[25]提出了一个新的简单动力分析法用来预测码头墙体的地震滑动变形,该方法考虑了因回填砂土的超静孔隙水压力发展而引起的水平动土压力变化情况,采用的是 Newmark 滑块观念和随着墙体运动而变化的屈服加速度来计算码头墙体的水平变形。D. Choudhury(2005)[26,27]在学者 Zeng 的旋转块体法基础上增添了竖向地震载荷的影响,对重力挡墙被动状态下的旋转变形做了详细的简单动力分析。

更复杂一点的简单动力分析方法是基于非线性有限元法或有限差分法对一系列的参数进行研究,这些参数是将结构和岩土条件进行了理想化,将参数研究的结果汇集成简单的图表用于评估近似的变形。但该方法还没有在土工构筑物上具体研究,尤其是在沉箱码头上的研究。

3.1.2　问题的提出

实际地震中地震载荷是随机而复杂的,采用均匀的正弦波动研究地震问题是常用的手段,在土动力学试验中最为常见,如动三轴、振动台和离心机试验,应用结果表明,规则的正弦波动能说明实际问题,有利于简单应用。为便于计算与分析,在计算方法中地震载荷也常采用规则的正弦波动,此方法称为拟动力法。

作者已在第 2 章中从简单的拟静力法着手对重力式码头地震残余变形做了研究,本章在其基础上考虑复杂的地基加速度运动特征和液化度的时程变化特征,采用考虑地震载荷时间、相位差和地震放大效应的拟动力法模拟动土压力,将地震中的回填砂土物理状态看成是在固体和黏性流体之间变换,基于旋转块体法计算码头的地震残余变形。

实际问题比较复杂,本章也只讨论码头墙体地震主动状态下的向外运动,对作用在码头身上的动土压力分布与作用点位置做了研究,在其基础上探讨了地震残余角变形和水平滑动变形的计算方法,比较考虑液化度与不考虑液化度下码头的地震残余变形。

3.2　计算模型与液化度计算式

计算模型和基本假定与第2章的一致，见图2-2，采用Seed等(1975)根据饱和砂土的动三轴试验资料提出的一种计算孔压的应力模式，其为振动次数的函数，表达式如下：

$$E_l = \Delta u/\sigma'_{v0} = \frac{1}{2} + \frac{1}{\pi}\arcsin\left[2\left(\frac{N}{N_L}\right)^{1/m} - 1\right] \tag{3-1}$$

式中：N_L 为无初始水平剪应力初始液化时的振动次数，与循环应力比 CSR 相对应；m 为经验系数，与土的类型和密度有关，Seed取值为0.7。

CSR 通过下列表达式进行计算：

$$CSR = \frac{\tau_{cyc}}{\sigma_v'} = \frac{a_{\max}}{g}\frac{\sigma_v}{\sigma_v'}r_d \tag{3-2}$$

式中：$a_{\max}$ 为地基加速度幅值；σ_v 为回填土总应力；r_d 为应力折减系数。

本章计算模型中的地基加速度采用正弦脉冲波动，具体表达式为：$a_{gh} = k_h g\sin\omega_0 t$，$a_{gv} = k_v g\sin\omega_0 t$，$\omega_0$ 为地基输入正弦加速度的角速度。

3.3　计算载荷的确定

3.3.1　作用在土楔上的拟动力

3.3.1.1　超孔隙水压力发展之前($E_l = 0$)

图3-1为拟动力法中分析的作用在码头-土体系统上的各个分布力，分析中基于极限平衡法和沿用库仑土压力理论的基本假定(假定回填土无黏性、墙体为刚性、墙面粗糙、滑动破裂面为通过墙踵的平面)。图3-2为考虑地震波相位变化的地震载荷从基础传播到地表的示意图，采用Steedman、Zeng[28]和Choudhury[27]等分析的基本方法：将回填土水平和垂直向的正弦振动的加速度峰值取为地基处的加速度峰值，分别为 a_{ghm} ($= k_{hs}g$)和 a_{gvm} ($= k_{vs}g$)，两者同时开始，没有相位差别；考虑地震波传播到地表时振动的放大效应，视水平和垂直向的地震加速度沿深度线性变化，如 $a_{hs(z=0)} = f_s a_{hs(z=H)}$，$a_{vs(z=0)} = f_s a_{vs(z=H)}$，$f_s$ 为土体放大系数，考虑地震波从地基到地表传播过程中的相位差影响，土体任一深度任一时刻的水平与垂直向的加速度表达式如下：

$$a_{hs}(z,t) = \left[1 + \frac{H-z}{H}(f_s - 1)\right]a_{ghm}\sin\omega_0\left(t - \frac{H-z}{V_{ss}}\right) \tag{3-3}$$

$$a_{vs}(z,t) = \left[1 + \frac{H-z}{H}(f_s - 1)\right]a_{gvm}\sin\omega_0\left(t - \frac{H-z}{V_{ps}}\right) \tag{3-4}$$

任一深度土楔单元质量为：$m(z) = \frac{\gamma_e}{g}\frac{H-z}{\tan\beta}\mathrm{d}z$，则土楔重为：

$$W_s = \int_0^H m(z)g\mathrm{d}z = \frac{1}{2}\frac{\gamma_e H^2}{\tan\beta} \tag{3-5}$$

作用在土体上的水平和垂直总惯性力为：

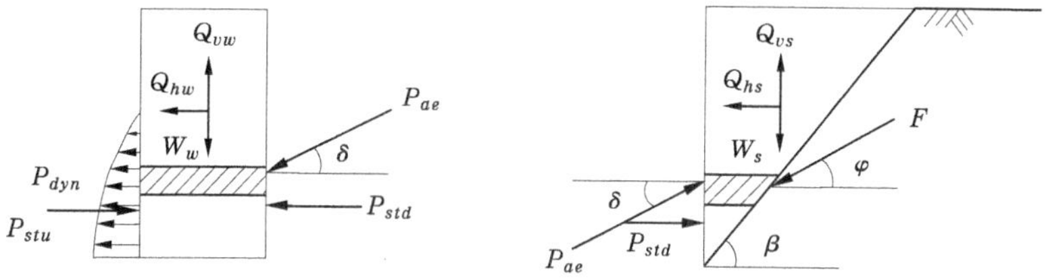

图 3-1　作用在码头 - 土体系统的拟动力分布图

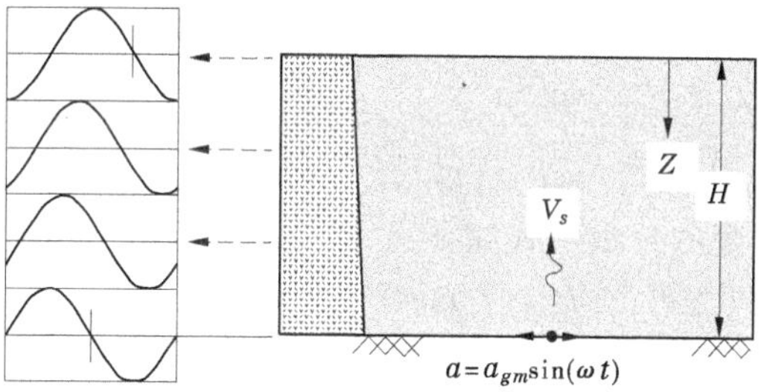

图 3-2　相位变化的地震载荷传播示意图

$$Q_{hs}(t) = \int_0^H m(z)a_{hs}(z,t)\mathrm{d}z = \frac{\lambda\gamma_e a_{ghm}}{4\pi^2 g\tan\beta}[2\pi H\cos\omega_0\zeta + \lambda(\sin\omega_0\zeta - \sin\omega_0 t)] + \frac{\lambda\gamma_e a_{ghm}(f_s - 1)}{4\pi^3 gH\tan\beta}[2\pi H(\pi H\cos\omega_0\zeta + \lambda\sin\omega_0\zeta) + \lambda^2(\cos\omega_0 t - \cos\omega_0\zeta)] \tag{3-6}$$

$$Q_{vs}(t) = \int_0^H m(z)a_{vs}(z,t)\mathrm{d}z = \frac{\eta\gamma_e a_{gvm}}{4\pi^2 g\tan\beta}[2\pi H\cos\omega_0\psi + \eta(\sin\omega_0\psi - \sin\omega_0 t)] + \frac{\eta\gamma_e a_{gvm}(f_s - 1)}{4\pi^3 gH\tan\beta}[2\pi H(\pi H\cos\omega_0\psi + \eta\sin\omega_0\psi) + \eta^2(\cos\omega_0 t - \cos\omega_0\psi)] \tag{3-7}$$

式中：δ 为墙背与填土的摩擦角；φ 为土的抗剪摩擦角；β 为土楔破坏面与水平向的夹角；V_{ss}、V_{ps} 为土体纵、横向波速，泊松比 ν_s 取 0.3，$V_{ps}/V_{ss}=1.87$（Das，1993），$V_{ss}=(G_s/\rho_s)^{1/2}$；$\lambda$ 为横波长，$\lambda=TV_{ss}$，η 为纵波长，$\eta=TV_{ps}$；$T=2\pi/\omega_0=1/f$，$\zeta=t-H/V_{ss}$，$\psi=t-H/V_{ps}$，$\gamma_e=\gamma_{wet}\left[1-\left(\frac{h_{wd}}{H}\right)^2\right]+\gamma_b\left(\frac{h_{wd}}{H}\right)^2$，$\gamma_b=\gamma_{sat}-\gamma_w$。

根据力平衡，求得作用在土楔上的动主动土压力：

$$P_{ae1}(t) = \frac{W_s\sin(\beta-\varphi) + Q_{hs}\cos(\beta-\varphi) - Q_{vs}\sin(\beta-\varphi)}{\cos(\delta+\varphi-\beta)} = P_{aw} + P_{ahd} - P_{avd} \tag{3-8}$$

式中：P_{aw} 为土楔自重产生的动土压力；P_{ahd}、P_{avd} 分别为水平和垂直惯性力作用引起的动土压力。

3.3.1.2　**超孔隙水压力发展过程**（$0<E_l\leq 1$）

液化后（$E_l=1$）的回填土视为黏性流体，故处于液化状态时段的动主动土压力视为不随时间变化的定值，沿着同一方向向外流动，动土压力采用 Westergaard 计算动水压力的方法进行计算，用 γ_{sat} 代替 γ_w，分布力 p_{ae2} 与总力 P_{ae2} 计算公式如下：

$$p_{ae2} = \frac{7}{8}k_h\gamma_{sat}\sqrt{zH} \tag{3-9}$$

$$P_{ae2} = \frac{7}{12}k_h\gamma_{sat}H^2 \tag{3-10}$$

将地震中作用在挡墙上的动土压力看作随着液化度的增加由固体土的动土压力逐渐过渡到黏性流体的动水压力。Sung-Ryul Kim 等采用了该思想，然而他们将动土压力视为水平，忽略了墙体与回填砂土的摩擦角 δ；由朗肯土压力静力理论可知，由于忽略了墙背与填土的摩擦力，计算的主动土压力偏大，被动土压力偏小，库仑土压力理论解决了该问题。因此，拟动力分析中需考虑墙体摩擦角的影响。这里将动土压力用向量形式来表示，定义为液化度 E_l 的函数，表达式如下：

$$\vec{P}_{ae}(t) = \vec{P}_{ae1}(t)\cdot(1-E_l) + \vec{P}_{ae2}\cdot E_l \tag{3-11}$$

动土压力的水平和竖向分量形式如下：

$$P_{aex}(t) = P_{ae1}(t)\cos\delta\cdot(1-E_l) + P_{ae2}\cdot E_l \tag{3-11a}$$

$$P_{aey}(t) = P_{ae1}(t)\sin\delta\cdot(1-E_l) \tag{3-11b}$$

图 3-3 为作用在码头墙身上的动土压力随着液化度发展的幅值和相变化的示意图。

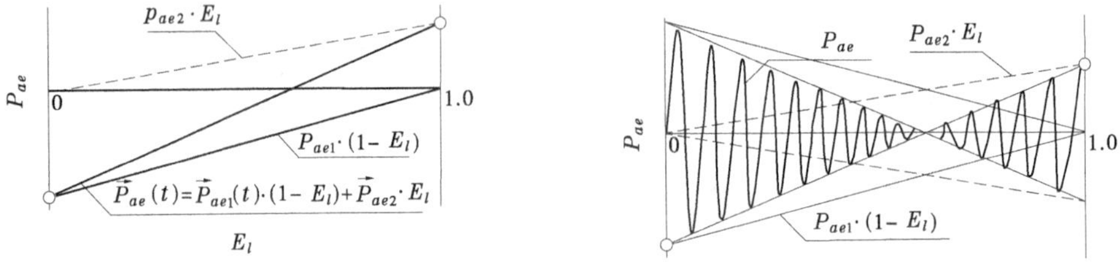

(a)动土压力的幅值变化　　(b)动土压力的相变化

图 3-3　动土压力随液化度发展的幅值与相变化

这里的分析方法是将回填砂土作为一个大的土体单元，不考虑墙后回填砂土液化度沿墙高不同的情况；在动土压力的计算方法中，将液化度的概念和计算公式考虑进去；不考虑 Seed 公式实际应用需修正等问题，这里用来定性地分析地震中动土压强的分布。

3.3.1.3　地震主动土压力系数 K_{ae} 的推导

地震主动土压力系数 K_{ae} 定义为：

$$K_{ae} = \frac{2P_{ae}}{\gamma H^2} \tag{3-12}$$

将式(3-6)与式(3-7)代入式(3-8)，再将式(3-8)和式(3-10)代入式(3-11)，将式(3-11)代入式(3-12)并将其写为 H/TV_{ss}、H/TV_{ps} 和 t/T 无量纲参数和楔角 β 的函数，表达式为：

$$K_{aex} = [\frac{1}{\tan\beta}\frac{\sin(\beta-\varphi)}{\cos(\delta+\varphi-\beta)} + \frac{\cos(\beta-\varphi)}{\cos(\delta+\varphi-\beta)}\times\frac{k_{hs}}{2\pi^2\tan\beta}(\frac{TV_{ss}}{H})\times$$

$$(m_1+\frac{f_s-1}{\pi}\times m_2) - \frac{\sin(\beta-\varphi)}{\cos(\delta+\varphi-\beta)}\times\frac{k_{vs}}{2\pi^2\tan\beta}(\frac{TV_{ps}}{H})\times$$

$$(m_3 + \frac{f_s - 1}{\pi} \times m_4)]\cos\delta(1 - E_l) + \frac{7}{6}k_h E_l \tag{3-12a}$$

$$K_{aey} = [\frac{1}{\tan\beta}\frac{\sin(\beta - \varphi)}{\cos(\delta + \varphi - \beta)} + \frac{\cos(\beta - \varphi)}{\cos(\delta + \varphi - \beta)} \times \frac{k_{hs}}{2\pi^2\tan\beta}(\frac{TV_{ss}}{H}) \times (m_1 + \frac{f_s - 1}{\pi} \times m_2) - \frac{\sin(\beta - \varphi)}{\cos(\delta + \varphi - \beta)} \times \frac{k_{vs}}{2\pi^2\tan\beta}(\frac{TV_{ps}}{H}) \times (m_3 + \frac{f_s - 1}{\pi} \times m_4)]\sin\delta \cdot (1 - E_l) \tag{3-12b}$$

其中：

$$m_1 = 2\pi\cos2\pi(\frac{t}{T} - \frac{H}{TV_{ss}}) + \frac{TV_{ss}}{H}[\sin2\pi(\frac{t}{T} - \frac{H}{TV_{ss}}) - \sin2\pi(\frac{t}{T})] \tag{3-13a}$$

$$m_2 = 2\pi\cos2\pi(\frac{t}{T} - \frac{H}{TV_{ss}}) + \frac{2TV_{ss}}{H}\sin2\pi(\frac{t}{T} - \frac{H}{TV_{ss}}) + (\frac{TV_{ss}}{H})^2[\cos2\pi(\frac{t}{T}) - \cos2\pi(\frac{t}{T} - \frac{H}{TV_{ss}})] \tag{3-13b}$$

$$m_3 = 2\pi\cos2\pi(\frac{t}{T} - \frac{H}{TV_{ps}}) + \frac{TV_{ps}}{H}[\sin2\pi(\frac{t}{T} - \frac{H}{TV_{ps}}) - \sin2\pi(\frac{t}{T})] \tag{3-13c}$$

$$m_4 = 2\pi\cos2\pi(\frac{t}{T} - \frac{H}{TV_{ps}}) + \frac{2TV_{ps}}{H}\sin2\pi(\frac{t}{T} - \frac{H}{TV_{ps}}) + (\frac{TV_{ps}}{H})^2[\cos2\pi(\frac{t}{T}) - \sin2\pi(\frac{t}{T} - \frac{H}{TV_{ps}})] \tag{3-13d}$$

当土体放大系数 f_s 为 1.0，液化度 E_l 为 0 以及 k_v 为 0 时，式(3-12)变为 Steedman (1990)推导的计算式。E_l 是随着 N/N_L 而变化的，即是 t/nT 的函数，n 为达到初始液化时的振动周数，K_{ae} 随着 β 角和 t/T 而变化，可通过关于 t/T 和 β 两参数来优化 K_{ae}，求得 K_{ae} 的最大值，从而求得动主动土压力 P_{ae}。从 K_{ae} 分量表达式可以看出，求解 β 破坏角与水平和竖向侧压力系数没有关系，这里不必细分，求导结果 K_{ae} 仅是 H/TV_{ss} 和 H/TV_{ps} 的函数，过程如下：

$\frac{\partial K_{ae}}{\partial \beta} = 0$，即

$$\frac{\partial K_{ae}}{\partial \beta} = \frac{1}{\tan\alpha}\frac{1}{\cos(\delta + \varphi - \beta)}[\cos(\beta - \varphi) - \sin(\beta - \varphi) \times \frac{k_{hs}}{2\pi^2}(\frac{TV_{ss}}{H})(m_1 + \frac{f_s - 1}{\pi} \times m_2) - \cos(\beta - \varphi) \times \frac{k_{vs}}{2\pi^2}(\frac{TV_{ps}}{H})(m_3 + \frac{f_s - 1}{\pi} \times m_4)](1 - E_l) - \frac{1}{\sin^2\beta}\frac{1}{\cos(\delta + \varphi - \beta)} \times [\sin(\beta - \varphi) + \cos(\beta - \varphi) \times \frac{k_{hs}}{2\pi^2}(\frac{TV_{ss}}{H})(m_1 + \frac{f_s - 1}{\pi} \times m_2) - \sin(\beta - \varphi) \times \frac{k_{vs}}{2\pi^2}(\frac{TV_{ps}}{H}) \times (m_3 + \frac{f_s - 1}{\pi} \times m_4)](1 - E_l) - \frac{1}{\tan\beta}\frac{\sin(\delta + \varphi - \beta)}{\cos^2(\delta + \varphi - \beta)}[\sin(\beta - \varphi) + \cos(\beta - \varphi) \times \frac{k_{hs}}{2\pi^2}(\frac{TV_{ss}}{H})(m_1 + \frac{f_s - 1}{\pi} \times m_2) - \sin(\beta - \varphi) \times \frac{k_{vs}}{2\pi^2}(\frac{TV_{ps}}{H})(m_3 + \frac{f_s - 1}{\pi} \times m_4)]$$

$$(1-E_l)=0 \tag{3-14}$$

$\dfrac{\partial K_{ae}}{\partial(t/T)}=0$，即

$$\frac{\partial K_{aex}}{\partial(t/T)}=\Big[\frac{\cos(\beta-\varphi)}{\cos(\delta+\varphi-\alpha_f)}\times\frac{k_{hs}}{2\pi^2\tan\beta}\Big(\frac{TV_{ss}}{H}\Big)\Big(n_1+\frac{f_s-1}{\pi}\times n_2\Big)-\frac{\sin(\beta-\varphi)}{\cos(\delta+\varphi-\beta)}\times\frac{k_{vs}}{2\pi^2\tan\beta}\Big(\frac{TV_{ps}}{H}\Big)\Big(n_3+\frac{f_s-1}{\pi}\times n_4\Big)\Big]\cos\delta\cdot(1-E_l)-\Big[\frac{1}{\tan\beta}\frac{\sin(\beta-\varphi)}{\cos(\delta+\varphi-\beta)}+\frac{\cos(\beta-\varphi)}{\cos(\delta+\varphi-\beta)}\times\frac{k_{hs}}{2\pi^2\tan\beta}\Big(\frac{TV_{ss}}{H}\Big)\Big(m_1+\frac{f_s-1}{\pi}\times m_2\Big)-\frac{\sin(\beta-\varphi)}{\cos(\delta+\varphi-\beta)}\times\frac{k_{vs}}{2\pi^2\tan\beta}\Big(\frac{TV_{ps}}{H}\Big)\Big(m_3+\frac{f_s-1}{\pi}\times m_4\Big)\Big]\times\cos\delta\times\frac{2}{\pi mn}\Big(\frac{t}{nT}\Big)^{1/m-1}\times\frac{1}{\sqrt{1-\Big[2\Big(\frac{t}{nT}\Big)^{1/m}-1\Big]^2}}+\frac{7k_{hs}}{3\pi mn}\Big(\frac{t}{nT}\Big)^{1/m-1}\times\frac{1}{\sqrt{1-\Big[2\Big(\frac{t}{nT}\Big)^{1/m}-1\Big]^2}}=0 \tag{3-15a}$$

$$\frac{\partial K_{aey}}{\partial(t/T)}=\Big[\frac{\cos(\beta-\varphi)}{\cos(\delta+\varphi-\alpha_f)}\times\frac{k_{hs}}{2\pi^2\tan\beta}\Big(\frac{TV_{ss}}{H}\Big)\Big(n_1+\frac{f_s-1}{\pi}\times n_2\Big)-\frac{\sin(\beta-\varphi)}{\cos(\delta+\varphi-\beta)}\times\frac{k_{vs}}{2\pi^2\tan\beta}\Big(\frac{TV_{ps}}{H}\Big)\Big(n_3+\frac{f_s-1}{\pi}\times n_4\Big)\Big]\times\sin\delta\times(1-E_l)-\Big[\frac{1}{\tan\beta}\frac{\sin(\beta-\varphi)}{\cos(\delta+\varphi-\beta)}+\frac{\cos(\beta-\varphi)}{\cos(\delta+\varphi-\beta)}\frac{k_{hs}}{2\pi^2\tan\beta}\Big(\frac{TV_{ss}}{H}\Big)\Big(m_1+\frac{f_s-1}{\pi}\times m_2\Big)-\frac{\sin(\beta-\varphi)}{\cos(\delta+\varphi-\beta)}\times\frac{k_{vs}}{2\pi^2\tan\beta}\times\Big(\frac{TV_{ps}}{H}\Big)\Big(m_3+\frac{f_s-1}{\pi}\times m_4\Big)\Big]\times\sin\delta\times\frac{2}{\pi mn}\Big(\frac{t}{nT}\Big)^{1/m-1}\frac{1}{\sqrt{1-\Big[2\Big(\frac{t}{nT}\Big)^{1/m}-1\Big]^2}}=0 \tag{3-15b}$$

$$n_1=-4\pi^2\sin2\pi\Big(\frac{t}{T}-\frac{H}{TV_{ss}}\Big)+2\pi\Big(\frac{TV_{ss}}{H}\Big)\Big[\cos2\pi\Big(\frac{t}{T}-\frac{H}{TV_{ss}}\Big)-\cos2\pi\Big(\frac{t}{T}\Big)\Big]$$

$$n_2=-4\pi^2\sin2\pi\Big(\frac{t}{T}-\frac{H}{TV_{ss}}\Big)+4\pi\Big(\frac{TV_{ss}}{H}\Big)\cos2\pi\Big(\frac{t}{T}-\frac{H}{TV_{ss}}\Big)-2\pi\Big(\frac{TV_{ss}}{H}\Big)^2\Big[\sin2\pi\Big(\frac{t}{T}\Big)-\sin2\pi\Big(\frac{t}{T}-\frac{H}{TV_{ss}}\Big)\Big]$$

$$n_3=-4\pi^2\sin2\pi\Big(\frac{t}{T}-\frac{H}{TV_{ps}}\Big)+2\pi\Big(\frac{TV_{ps}}{H}\Big)\Big[\cos2\pi\Big(\frac{t}{T}-\frac{H}{TV_{ps}}\Big)-\cos2\pi\Big(\frac{t}{T}\Big)\Big]$$

$$n_4=-4\pi^2\sin2\pi\Big(\frac{t}{T}-\frac{H}{TV_{ps}}\Big)+4\pi\Big(\frac{TV_{ss}}{H}\Big)\cos2\pi\Big(\frac{t}{T}-\frac{H}{TV_{ps}}\Big)-2\pi\Big(\frac{TV_{ss}}{H}\Big)^2\Big[\sin2\pi\Big(\frac{t}{T}\Big)-\sin2\pi\Big(\frac{t}{T}-\frac{H}{TV_{ps}}\Big)\Big]$$

式(3-14)和式(3-15)为复杂的非线性二元方程组，借助 Matlab 程序提供的 fsolve 函数可求解，选择 t/T 为最小值时对应的 β 值作为最后的计算结果。

为了后面计算中做比较，给出 Mononobe-Okabe 拟静力方法中土楔破坏面与水平面的

夹角 β 的计算方法，见式(3-16)，K_{ae} 的计算采用式(3-12)；静力 Coulomb 理论中的侧压力系数 K_a 计算如式(3-17)所示。

$$\tan\beta = \frac{2\sin(\varphi - \psi)}{\cos(\varphi - \psi) - K_{ae}\cos\psi\cos(\varphi + \delta)} \tag{3-16}$$

$$K_a = \frac{\cos^2\varphi}{\cos\delta \cdot \left(1 + \sqrt{\dfrac{\sin(\varphi + \delta) \cdot \sin\varphi}{\cos\delta}}\right)^2} \tag{3-17}$$

3.3.2　作用在码头上的拟动力

码头上水平和垂直谐振动加速度峰值同回填土为基础下地基加速度峰值，分别为 $a_{ghm}(=k_{hs}g)$ 和 $a_{gvm}(=k_{vs}g)$，地震加速度从码头底传播到码头顶呈线性变化，如 $a_{hw(z=0)} = f_s a_{hw(z=H)}$，$a_{vw(z=0)} = f_s a_{vw(z=H)}$；同求土楔体的拟动力方法一样，考虑时间和相位差变化的任一深度任一时刻的码头墙身的水平与垂直加速度表达为：

$$a_{hw}(z,t) = \left[1 + \frac{H-z}{H}(f_w - 1)\right]a_{ghm}\sin\omega_0\left(t - \frac{H-z}{V_{sw}}\right) \tag{3-18}$$

$$a_{vw}(z,t) = \left[1 + \frac{H-z}{H}(f_w - 1)\right]a_{gvm}\sin\omega_0\left(t - \frac{H-z}{V_{pw}}\right) \tag{3-19}$$

任一深度码头墙单元质量为：$m(z) = \dfrac{\gamma}{g}b\mathrm{d}z$，则码头重为：

$$W_w = \int_0^H gm(z)\,\mathrm{d}z = \gamma bH \tag{3-20}$$

作用在码头上的水平和垂直总惯性力为：

$$Q_{hw}(t) = \int_0^H m(z)a_{hw}(z,t)\,\mathrm{d}z = \frac{\kappa\gamma b a_{ghm}}{4\pi^2 gH^2}[2\pi H\cos\omega\xi + \kappa(\sin\omega\xi - \sin\omega t)] + \frac{\kappa\gamma b a_{ghm}(f_w - 1)}{4\pi^3 gH^3}[2\pi H(\pi H\cos\omega\xi + \kappa\sin\omega\xi) + \kappa^2(\cos\omega t - \cos\omega\xi)] \tag{3-21}$$

$$Q_{vw}(t) = \int_0^H m(z)a_{vw}(z,t)\,\mathrm{d}z = \frac{\nu\gamma b a_{gvm}}{4\pi^2 gH^2}[2\pi H\cos\omega_0\chi + \nu(\sin\omega_0\chi - \sin\omega_0 t)] + \frac{\nu\gamma b a_{gvm}(f_w - 1)}{4\pi^3 gH^3}[2\pi H(\pi H\cos\omega_0\chi + \nu\sin\omega_0\chi) + \nu^2(\cos\omega_0 t - \cos\omega_0\chi)] \tag{3-22}$$

式中：f_w 为码头墙体的放大系数；V_{sw}、V_{pw} 分别为码头墙身传播的纵、横向波速，泊松比 $\nu_w = 0.15$，$V_{pw}/V_{sw} = 1.56$，$V_{sw} = (G/\rho)^{1/2}$；κ 为横波长，$\kappa = TV_{sw}$；ν 为纵波长，$\nu = TV_{pw}$；$\xi = t - H/V_{sw}$；$\chi = t - H/V_{pw}$。

3.3.3　上下游水压力计算

由于码头前的自由水体的存在，作用在墙前的静水压力计算式如式(3-23)所示；地震引起码头前水体震动，作用在码头墙上的动水压力采用 Westergaard 提出的计算式，如式(3-24)所示。

$$P_{stu} = \frac{1}{2}\gamma_w h_{wu}^2 \tag{3-23}$$

$$P_{dyn} = \frac{7}{12}k_h\gamma_w h_{wu}^2 \tag{3-24}$$

作用在码头墙体上的回填砂土水压力随着液化度升高而减小，由于前面的动土压力已考虑了回填砂土随液化度升高呈现的流体特性，则回填砂土的静水压力采用如下计算式：

$$P_{std} = \frac{1}{2}\gamma_w h_{wd}^2(1 - E_l) \tag{3-25}$$

3.4 动主动压力分布形式与作用点位置的研究

3.4.1 动土压力分布形式

地震动土压力沿码头墙深的分布形式可通过对作用在码头上的整个动土压力沿墙深进行求导得出。对式(3-11)求导得出动主动土压力的分布表达式：

$$p_{ae}(t) = \frac{\partial P_{ae}(t)}{\partial z} \tag{3-26}$$

$$\begin{aligned}
p_{aex}(t) = \frac{\partial P_{aex}(t)}{\partial z} &= \left\{\frac{\gamma z}{\tan\beta}\frac{\sin(\beta-\varphi)}{\cos(\delta+\varphi-\beta)} + \frac{\cos(\beta-\varphi)}{\cos(\delta+\varphi-\beta)}\left\{\frac{k_{hs}\gamma z}{\tan\beta}\sin\omega_0\left(t-\frac{z}{V_{ss}}\right) + \right.\right.\\
&\frac{k_{hs}\gamma(f_s-1)}{2\pi^2\tan\beta}\left[2\pi^2 z\sin\omega_0\left(t-\frac{z}{V_{ss}}\right) - \lambda\pi\cos\omega_0\left(t-\frac{z}{V_{ss}}\right)\right] - \\
&\left.\frac{\lambda^2 k_{hs}\gamma(f_s-1)}{4\pi^3 z^2\tan\beta}\left[\lambda\cos\omega_0 t - \lambda\cos\omega_0\left(t-\frac{z}{V_{ss}}\right) + 2\pi z\sin\omega_0\left(t-\frac{z}{V_{ss}}\right)\right]\right\} - \\
&\frac{\sin(\beta-\varphi)}{\cos(\delta+\varphi-\beta)}\left\{\frac{k_{vs}\gamma z}{\tan\beta}\sin\omega_0\left(t-\frac{z}{V_{ps}}\right) + \frac{k_{vs}\gamma(f_s-1)}{2\pi^2\tan\beta}\left[2\pi^2 z\sin\omega_0\left(t-\frac{z}{V_{ps}}\right) - \right.\right.\\
&\left.\eta\pi\cos\omega_0\left(t-\frac{z}{V_{ps}}\right)\right] - \frac{\eta^2 k_{vs}\gamma(f_s-1)}{4\pi^3 z^2\tan\beta}\left[\eta\cos\omega_0 t - \eta\cos\omega_0\left(t-\frac{z}{V_{ps}}\right) + \right.\\
&\left.\left.\left.2\pi z\sin\omega_0\left(t-\frac{z}{V_{ps}}\right)\right]\right\}\right\}\cos\delta\cdot(1-E_l) + \frac{7}{8}k_{hs}\gamma_{sat}\sqrt{zH}\cdot E_l\\
&= (p_{aw} + p_{ahd} - p_{avd})\cos\delta\cdot(1-E_l) + p_{ae2}\cdot E_l\\
&= p_{ae1}\cos\delta\cdot(1-E_l) + p_{ae2}\cdot E_l
\end{aligned} \tag{3-26a}$$

$$\begin{aligned}
p_{aey}(t) = \frac{\partial P_{aey}(t)}{\partial z} &= \left\{\frac{\gamma z}{\tan\beta}\frac{\sin(\beta-\varphi)}{\cos(\delta+\varphi-\beta)} + \frac{\cos(\beta-\varphi)}{\cos(\delta+\varphi-\beta)}\left\{\frac{k_{hs}\gamma z}{\tan\beta}\sin\omega_0\left(t-\frac{z}{V_{ss}}\right) + \right.\right.\\
&\frac{k_{hs}\gamma(f_s-1)}{2\pi^2\tan\beta}\left[2\pi^2 z\sin\omega_0\left(t-\frac{z}{V_{ss}}\right) - \lambda\pi\cos\omega_0\left(t-\frac{z}{V_{ss}}\right)\right] - \frac{\lambda^2 k_{hs}\gamma(f_s-1)}{4\pi^3 z^2\tan\beta}\cdot\\
&\left.\left[\lambda\cos\omega_0 t - \lambda\cos\omega\left(t-\frac{z}{V_{ss}}\right) + 2\pi z\sin\omega_0\left(t-\frac{z}{V_{ss}}\right)\right]\right\} - \frac{\sin(\beta-\varphi)}{\cos(\delta+\varphi-\beta)}\cdot
\end{aligned}$$

$$\left\{\frac{k_{vs}\gamma z}{\tan\beta}\sin\omega_0(t-\frac{z}{V_{ps}})+\frac{k_{vs}\gamma(f_s-1)}{2\pi^2\tan\beta}\left[2\pi^2 z\sin\omega_0(t-\frac{z}{V_{ps}})-\eta\pi\cos\omega_0(t-\frac{z}{V_{ps}})\right]-\frac{\eta^2k_{vs}\gamma(f_s-1)}{4\pi^3z^2\tan\beta}\left[\eta\cos\omega_0 t-\eta\cos\omega_0(t-\frac{z}{V_{ps}})+2\pi z\sin\omega_0(t-\frac{z}{V_{ps}})\right]\right\}\sin\delta\cdot(1-E_l)$$

$$=(p_{aw}+p_{ahd}-p_{avd})\sin\delta\cdot(1-E_l)=p_{ae1}\sin\delta\cdot(1-E_l)\qquad(3\text{-}26\text{b})$$

从式(3-26)可以看出，作用在码头上的水平和竖向动土压强随深度是非线性分布的，并与码头后回填砂土的物理特性、地震载荷、时间以及液化度等诸多影响因素有关，情况较复杂。p_{aw}为土楔自重产生的土压强，p_{ahd}、p_{avd}分别为水平和垂直惯性力作用引起的动土压强。工程中比较关心沿墙身的水平分布情况，水平分布形式是工程设计的主要影响因素，传统理论也是只研究水平向的分布形式，为了使计算方法能与传统理论作比较，后面算例中详细研究了水平动土压强的大小与分布形式。

3.4.2　动土压力作用点位置的确定

动土压力的作用点位置 y 是指水平土压强合力作用点距墙底的位置，可通过随深度变化的水平动土压强 p_{aex}对墙底的动弯矩 M_d 来确定，考虑液化度变化的动土压强的动弯矩计算式如下：

$$M_d=\int_0^H p_{aex}\cdot(H-z)\mathrm{d}z=\int_0^H[p_{ae1}\cos\delta\cdot(1-E_l)+p_{ae2}\cdot E_l]\cdot(H-z)\mathrm{d}z$$

$$=\left\{\frac{\gamma H^3}{6\tan\beta}\frac{\sin(\beta-\varphi)}{\cos(\delta+\varphi-\beta)}+\frac{\cos(\beta-\varphi)}{\cos(\delta+\varphi-\beta)}\left[\frac{k_{hs}\gamma}{\tan\beta}\int_0^H z(H-z)\sin\omega_0(t-\frac{z}{V_{ss}})\mathrm{d}z+\frac{k_{hs}\gamma(f_s-1)}{\tan\beta}\int_0^H z(H-z)\sin\omega_0(t-\frac{z}{V_{ss}})\mathrm{d}z-\frac{\lambda k_{hs}\gamma(f_s-1)}{2\pi\tan\beta}\int_0^H(H-z)\cos\omega_0(t-\frac{z}{V_{ss}})\mathrm{d}z-\frac{\lambda^3k_{hs}\gamma(f_s-1)}{4\pi^3\tan\beta}\int_0^H\frac{1}{z^2}(H-z)\cos\omega_0 t\mathrm{d}z+\frac{\lambda^3k_{hs}\gamma(f_s-1)}{4\pi^3\tan\beta}\int_0^H\frac{1}{z^2}(H-z)\cos\omega_0(t-\frac{z}{V_{ss}})\mathrm{d}z-\frac{\lambda^2k_{hs}\gamma(f_s-1)}{2\pi^2\tan\beta}\int_0^H z(H-z)\sin\omega_0(t-\frac{z}{V_{ss}})\mathrm{d}z\right]\right\}\cos\delta\cdot(1-E_l)-\frac{\sin(\beta-\varphi)}{\cos(\delta+\varphi-\beta)}\cdot$$

$$\left[\frac{k_{vs}\gamma}{\tan\beta}\int_0^H z(H-z)\sin\omega_0(t-\frac{z}{V_{ss}})\mathrm{d}z+\frac{k_{vs}\gamma(f_s-1)}{\tan\beta}\int_0^H z(H-z)\sin\omega_0(t-\frac{z}{V_{ss}})\mathrm{d}z-\frac{\eta k_{vs}\gamma(f_s-1)}{2\pi\tan\beta}\int_0^H(H-z)\cos\omega_0(t-\frac{z}{V_{ss}})\mathrm{d}z-\frac{\eta^3k_{vs}\gamma(f_s-1)}{4\pi^3\tan\beta}\cdot\int_0^H\frac{1}{z^2}(H-z)\cos\omega_0 t\mathrm{d}z+\frac{\eta^3k_{vs}\gamma(f_s-1)}{4\pi^3\tan\beta}\int_0^H\frac{1}{z^2}(H-z)\cos\omega_0(t-\frac{z}{V_{ss}})\mathrm{d}z-\frac{\eta^2k_{vs}\gamma(f_s-1)}{2\pi^2\tan\beta}\cdot\int_0^H z(H-z)\sin\omega_0(t-\frac{z}{V_{ss}})\mathrm{d}z\right]\cos\delta\cdot(1-E_l)+\frac{7}{8}k_h\gamma_{sat}H^{1/2}\cdot\int_0^H z^{1/2}(H-z)\mathrm{d}z\cdot E_l$$

(3-27)

动土压力 P_{ae}的作用点位置 y 的计算式如下：

$$y=\frac{M_d}{P_{ae1}\cos\delta\cdot(1-E_l)+P_{ae2}\cdot E_l}\qquad(3\text{-}28)$$

计算公式中含有不可积分的因式，不能得到直接的解析解，需通过数值分析方法来求解，本书采用辛普森方法。

3.5　门槛加速度系数的确定

3.5.1　旋转门槛加速度系数的计算

在码头开始倾斜瞬间，旋转弯矩与抗倾覆弯矩平衡，计算力参见图 2-2，弯矩平衡表达式如下：

$$Q_{hw} \cdot y_c + P_{ae}\cos\delta \cdot y + P_{dyn} \cdot 0.4h_{wu} + P_{std} \cdot h_{wd}/3 - P_{stu} \cdot h_{wu}/3 = (W_w - Q_{vw}) \cdot x_c + P_{ae}\sin\delta \cdot b \tag{3-29}$$

式中：x_c 和 y_c 为码头质心到旋转点 O 的水平与垂直距离；b 为墙宽；y 为动主动土压力的作用点高度。通过式(3-29)，可计算出旋转门槛水平加速度 $a_{trh} = k_{trh}g\sin\omega_0 t$，其中 k_{trh} 为旋转门槛水平加速度系数，同理可得竖向的加速度系数 k_{trv}。

3.5.2　滑动门槛加速度系数的计算

在码头开始滑动瞬间，码头底端上的运动摩擦力达到最大值，水平向力平衡表达式为：

$$Q_{hw} + P_{ae}\cos\delta + P_{dyn} + P_{std} = P_{stu} + (W_w - Q_{vw} + P_{ae}\sin\delta)\tan\delta_b \tag{3-30}$$

式中：W 为码头自重；δ_b 为码头基础与墙身间的摩擦角。

同样，根据式(3-30)可计算出滑动门槛加速度 $a_{tsh} = k_{tsh}g\sin\omega_0 t$，其中 k_{tsh} 为滑动门槛水平加速度系数，同理可得竖向的滑动门槛加速度系数 k_{tsv}。

3.6　残余变形的计算

同第 2 章的拟静力法，根据 Zeng 等的旋转块体法思想来推导码头的残余变形，本书在其基础上考虑较复杂的地震波动载荷，考虑码头后回填砂土的液化度时程变化特征，同时考虑水平与竖向地震载荷的影响计算码头的残余变形。变形推求的具体过程如下所述。

3.6.1　旋转运动的残余变形计算

若地面最大加速度超过旋转门槛值，重力式码头墙体发生倾斜，码头地震时单独向外旋转，加速度模型仍采用图 2-2 所示的分析模型。

当旋转开始时，码头绕 O 点旋转的运动矩方程为：

$$\sum M_o = -y_c(W/g)(a_c)_x + x_c(W/g)(a_c)_y + I_c\alpha \tag{3-31}$$

式中：M_o 为绕旋转 O 点的弯矩；$(a_c)_x$ 和 $(a_c)_y$ 分别为码头墙的中心加速度 $\vec{a}_c$ 在 x 向和 y 向的分量；I_c 是墙绕质心的极惯性矩，$I_c = bH(b^2 + H^2)(\gamma_c/g)/12$。

质心 C 加速度为三部分之和：

$$\vec{a}_c = \vec{a}_g + \alpha \times \vec{r}_c - \omega^2 \vec{r}_c \tag{3-32}$$

式中：$\vec{a}_c$ 为码头墙质心加速度向量；$\vec{a}_g$ 为地基表面加速度向量；$\vec{r}_c$ 为旋转点 O 到质心 C 的距离向量；α 为旋转角加速度；ω 为旋转角速度。质心的水平和垂直向的加速度为：

$$(a_c)_x = a_{gh} - \alpha y_c - \omega^2 x_c \tag{3-32a}$$

$$(a_c)_y = a_{gv} + \alpha x_c - \omega^2 y_c \tag{3-32b}$$

将式(3-32)代入到式(3-31)并计算 $\sum M_o$ 得：

$$\begin{aligned} & Q_{hw} \cdot y_c + P_{ae}\cos\delta \cdot y + P_{dyn} \cdot 0.4h_{wu} + P_{std} \cdot h_{wd}/3 - P_{stu} \cdot h_{wu}/3 - (W_w - Q_{vw}) \cdot x_c - \\ & \quad P_{ae}\sin\delta \cdot b = (W_w/g)x_c^2\alpha + (W_w/g)y_c^2\alpha + (W/g)a_{gv}x_c - (W/g)a_{gh}y_c + I_c\alpha \end{aligned} \tag{3-33}$$

根据上式得出旋转角加速度为：

$$\begin{aligned} \alpha = & [Q_{hw} \cdot y_c + P_{ae}\cos\delta \cdot y + P_{dyn} \cdot 0.4h_{wu} + P_{std} \cdot h_{wd}/3 - P_{stu} \cdot h_{wu}/3 - (W_w - Q_{vw}) \cdot x_c - \\ & P_{ae}\sin\delta \cdot b - (W/g)a_{gv}x_c + (W/g)a_{gh}y_c]/[(W_w/g)x_c^2 + (W_w/g)y_c^2 + I_c] \end{aligned} \tag{3-34}$$

地震波动结束，码头的旋转开始减慢，没有了地震力、运动惯性矩和动水压力，旋转角加速度 α 计算式变为如下：

$$\begin{aligned} \alpha = & (P_{ae}\cos\delta \cdot y + P_{dyn} \cdot 0.4h_{wu} + P_{std} \cdot h_{wd}/3 - P_{stu} \cdot h_{wu}/3 - W_w \cdot x_c - \\ & P_{ae}\sin\delta \cdot b)/[(W_w/g)x_c^2 + (W_w/g)y_c^2 + I_c] \end{aligned} \tag{3-35}$$

同样，旋转角速度和角变形可采用式(3-36)和式(3-37)来计算，分别对旋转角加速度和旋转角速度进行时间积分：

$$\omega = \int_0^t \alpha \mathrm{d}t \tag{3-36}$$

$$\theta = \int_0^t \omega \mathrm{d}t \tag{3-37}$$

3.6.2　旋转与滑动耦合运动的残余变形计算

当地基运动加速度峰值既大于滑动门槛加速度，又大于旋转门槛加速度时，码头的滑动与旋转可能会同时产生；之后两种运动相互作用和影响。先根据式(3-29)与式(3-30)确定滑动与旋转的各自门槛加速度，较低门槛加速度的运动将先开始，之后将影响另一运动的门槛加速度，耦合运动机制分析方法同第2章，具体分析如下所述。

3.6.2.1　滑动先开始的耦合变形计算

当 $k_{ts} < k_{tr}$ 时，码头先滑动，已开始滑动的码头旋转门槛加速度计算式(3-29)需要进行修改，码头倾斜的瞬间，水平加速度系数为 k_{ts}，故式(3-29)中 Q_{hw} 和 Q_{vw} 里的 k_{tr} 需变为 k_{ts}。旋转门槛加速度系数 k_{tr} 包含在动土压力 P_{ae} 计算中，可通过对修改后的式(3-29)进行反复试算获得，式(3-29)转写为：

$$\begin{aligned} & Q_{hw} \cdot y_c - Q_{vw} \cdot x_c + P_{ae}(\cos\delta \cdot y - \sin\delta \cdot b) \\ & = W_w \cdot x_c - (P_{dyn} \cdot 0.4h_{wu} + P_{std} \cdot h_{wd}/3 - P_{stu} \cdot h_{wu}/3) \end{aligned} \tag{3-38}$$

同拟静力法，无论液化度处于何种状态，对于给定的计算工况，码头前动水压力、静水压力以及墙后回填砂土的静水压力为一确定值，故右端项为一定值，滑动先使得码头因惯性作用的旋转动弯矩减少，土压力作用弯矩将增加，旋转门槛加速度系数变大；但模型假定了码头墙后土楔跟着码头向外运动，故作用在码头上的最大动土压力不会再增加和超过刚开始的滑动门槛加速度引起的动土压力，即码头的门槛加速度系数不会再增大，码头不可能再产生旋转，因此只做单个的滑动运动。

3.6.2.2　旋转先开始的耦合变形计算

当 $k_{tr} < k_{ts}$ 时，码头先向外旋转，旋转码头的加速度分布同上，采用图 2-3 的加速度分析模型。当旋转开始时，采用上节单独旋转运动的计算方法进行分析；接着当滑动开始要发生时，滑动门槛加速度系数需对式(3-30)进行修改确定 k'_{ts}，方程变为：

$$(k'_{tsh} g\sin\omega_0 t - \alpha y_c - \omega^2 x_c)(W_w/g) + P_{ae}\cos\delta + P_{dyn} + P_{std}$$
$$= P_{stu} + [W_w - (W_w/g)(k'_{tsv} g\sin\omega_0 t + \alpha x_c - \omega^2 y_c) + P_{ae}\sin\delta]\tan\delta_b \tag{3-39}$$

随着滑动与旋转运动的耦合，运动方程包括以下三个部分：

$$\sum F_x = (W_w/g)(a_c)_x \tag{3-40}$$

$$\sum F_y = (W_w/g)(a_c)_y \tag{3-41}$$

$$\sum M_o = -y_c(W_w/g)(a_c)_x + x_c(W_w/g)(a_c)_y + I_c\alpha \tag{3-42}$$

滑动开始后，基础摩擦力为：

$$F_s = N\tan\delta_b \tag{3-43}$$

其中，N 为基础上的法向力，运动方程变为：

$$N\tan\delta_b + P_{stu} - Q_{hw} - P_{ae}\cos\delta - P_{dyn} - P_{std} = (W_w/g)(a_c)_x \tag{3-44}$$

$$N + Q_{vw} - W_w - P_{ae}\sin\delta = (W_w/g)(a_c)_y \tag{3-45}$$

$$Q_{hw}\cdot y_c + P_{ae}\cos\delta\cdot y + P_{dyn}\cdot 0.4h_{wu} + P_{std}\cdot h_{wd}/3 - P_{stu}\cdot h_{wu}/3 - (W_w - Q_{vw})\cdot x_c -$$
$$P_{ae}\sin\delta\cdot b = -y_c(W_w/g)(a_c)_x + x_c(W_w/g)(a_c)_y + I_c\alpha \tag{3-46}$$

运动方程中含有五个未知变量：α、ω、N、$(a_c)_x$ 和 $(a_c)_y$，k_v 由 k_h 经验确定。耦合运动中 $(a_c)_x$ 随滑动而改变，故计算中需补充两个方程：

$$(a_c)_y = a_{gv} + \alpha x_c - \omega^2 y_c \tag{3-47}$$

$$\omega = \int_0^t \alpha \mathrm{d}t \tag{3-48}$$

地基是刚性的，所计算的滑动变形是指码头墙角 O 处的水平向变形，墙角 O 处的水平加速度可通过式(3-32a)改写为：

$$a_{oh} = (a_c)_x + \alpha y_c + \omega^2 x_c \tag{3-49}$$

墙角 O 处的速度和滑动变形分别为（当 $v_{oh} \leqslant v_{gh}$ 时）：

$$v_{oh} = \int_0^t a_{oh}\mathrm{d}t \tag{3-50}$$

$$s = \int_0^t (v_{gh} - v_{oh})\mathrm{d}t \tag{3-51}$$

判断每个运动结束的标志如下：当 $\omega = 0$ 时，旋转结束；当 $v_{oh} = v_{gh}$ 时，滑动结束。当任何一个运动结束时，耦合运动将变为单个运动。

根据上述方法，对滑动加速度和滑动速度时间积分得到滑动变形。对于拟动力法，由于惯性力、动土压力和门槛加速度随着时程波动变化，码头是先开始滑动还是旋转，以及开始后耦合如何影响，门槛加速度变化比较复杂，每一时刻都不一样，因而本书计算中对每一时刻都进行了门槛加速度系数的判别来确定码头的运动模式，这与简单的拟静力法有所不同，故拟动力法中码头运动模式没有明显的时段性。

3.7 算　例

重力式码头（$H=10$ m，$B=8$ m，γ 取 22 kN/m^3）模型见图2-2。回填土由砂土组成[28]，相对密实度为40%，平均颗粒粒径为0.10 mm，渗透系数为1.0×10^{-4} m/s，地下水位在回填土表面1.5 m以下，$\varphi=30°$，$\delta=\varphi/2=15°$，$\gamma_{sat}=20$ kN/m^3，$\gamma_{wet}=18$ kN/m^3，$h_{wu}/H=0.8$，输入加速度频率f为1 Hz的正弦波，荷载循环数目设为10，相应于震级6.4～7级的地震，峰值为0.4g（相当于9度地震），持续时间为10 s，地基时程曲线如图3-4所示。$f_s=f_w=1.2$，$k_{hs}=k_{hw}=k_h$，$k_{vs}=k_{vw}=k_v=0.5k_h$。图3-5是三轴试验得出的不同密实度下的回填砂土循环强度曲线，本书选取相对密实度为40%的工况进行研究。

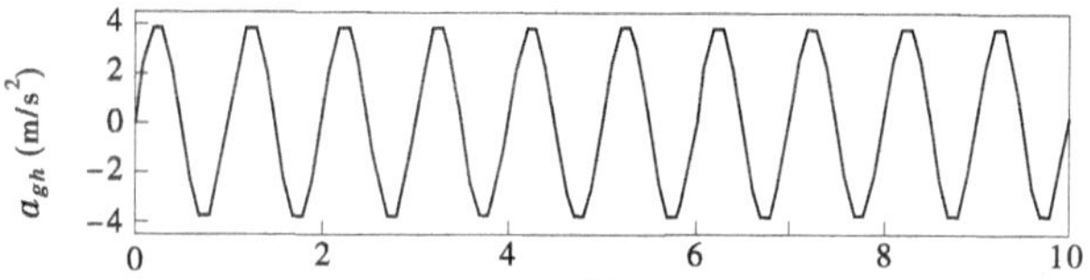

(a)地基加速度

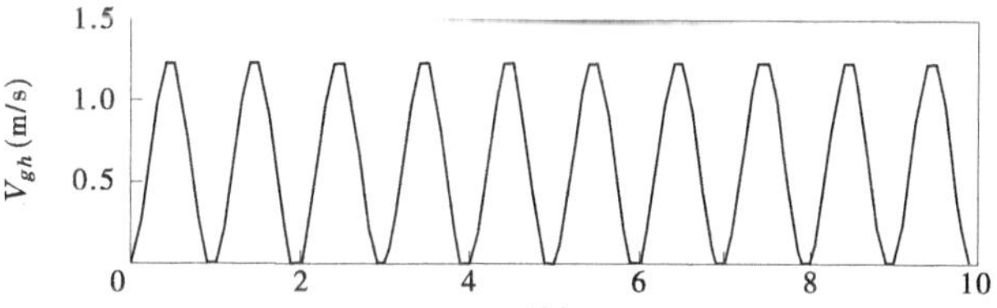

(b)地基速度

图3-4　地基加速度与速度时程曲线

根据式(3-2)计算出回填土中间深度的循环应力比CSR，因加速度幅值为常数，应力折减系数r_d取为0.1，CSR计算值为0.29，根据文献[12]给出的室内试验强度曲线，得出液化周数N_L为4。从而通过式(3-1)可计算出液化度时程变化曲线，如图3-6所示。

3.7.1 回填土楔角β与侧压力系数K_{ae}

这里，$H/TV_{ss}=0.05$，$H/TV_{ps}=0.026$，则根据式(3-14)和式(3-15)可求得码头后回填砂土楔体的破坏楔角β、无量纲参数t/T和地震主动土压力系数K_{ae}，以及采用式(3-16)和式(3-17)求出Mononobe-Okabe拟静力法和Coulomb静力理论计算结果。表3-1给出了不同的地震加速度系数下的计算结果，拟动力法在0～4 s时间段里进行求解，表中t/T为动主动土压力系数极值出现较早的时刻。

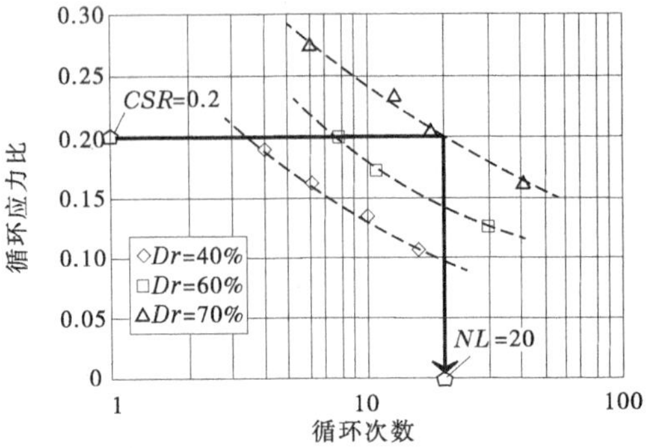

图 3-5 回填砂土的循环强度试验曲线

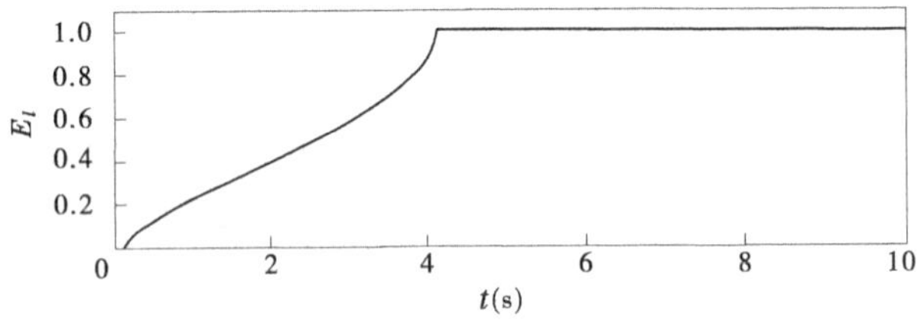

图 3-6 回填砂土液化度计算时程曲线($a_{max}=0.40g$)

表 3-1 地震动主动土压力系数计算结果比较

k_{hs}	参数	计算数值		
		拟动力法	Mononobe-Okabe 拟静力法	Coulomb 静力理论
0	β(°)	56.5	50.1	60
	t/T	1.2	—	—
	K_{ae}	0.34	0.38	0.30
0.2	β(°)	48.5	44.5	60
	t/T	0.8	—	—
	K_{ae}	0.46	0.50	0.30
0.4	β(°)	21.5	11.7	60
	t/T	4.0	—	—
	K_{ae}	0.56	0.67	0.30

从表 3-1 的拟动力法、拟静力法和静力法计算结果看出:当地震加速度系数 $k_{hs}=0$ 时,三者计算出来的结果相差不大:当地震动加速度系数 k_{hs} 变大时,动主动侧压力系数 K_{ae} 越大,墙后回填砂土破坏面与水平向的夹角 β 越小,表明产生的破坏楔体越大,对码头的破坏越严重;Mononobe-Okabe 拟静力法计算出的破坏楔体和侧压力系数 K_{ae} 在三者中最大,偏于保守,拟动力法相对较小一些;而 Coulomb 静力理论计算出来的土楔体最小,表明工程中按静力理论设计明显很不安全。

3.7.2　惯性力与动土压力的时程分布

分别应用式(3-6)、式(3-7)与式(3-21)、式(3-22)计算作用在土楔与码头上的惯性力,计算结果如图 3-7 所示。惯性力随着时程呈规则的波动变化,作用在土楔上的水平和竖向波动惯性力幅值大约为 770 kN 和 290 kN,而作用在码头上的水平和竖向波动惯性力幅值比土楔惯性力小,大约为 440 kN 和 150 kN。

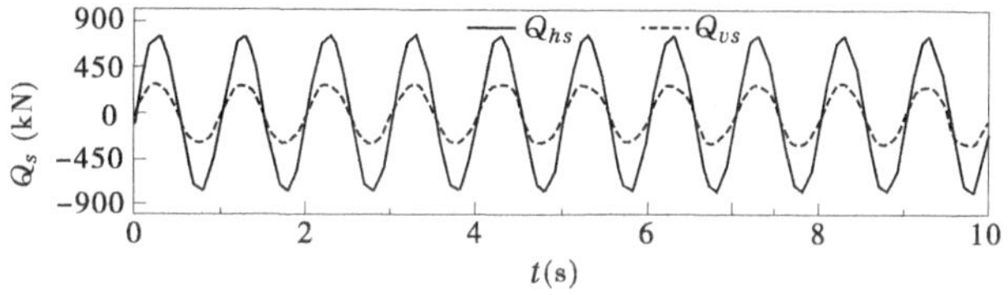

(a)作用在土楔上的惯性力

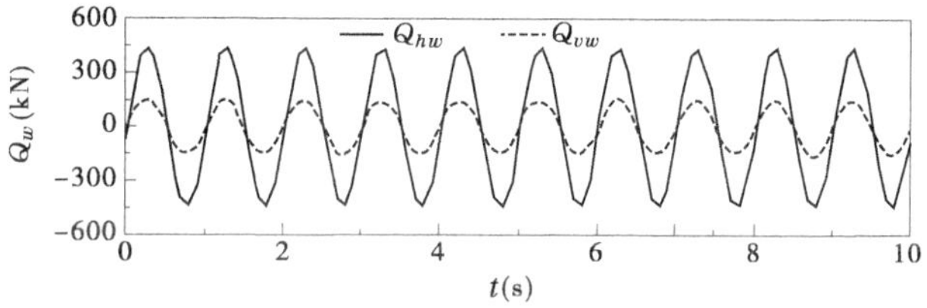

(b)作用在码头上的惯性力

图 3-7　作用在码头和土楔上的水平与竖向惯性力计算值的时程变化

应用式(3-8)和式(3-11)计算作用在码头上的动土压力时程分布情况,计算结果如图 3-8 所示,当视回填砂土为干土时,动土压力 P_{ae1} 为一规则的波动时程曲线;当考虑回填砂土里的孔隙水压力对码头运动的影响时,随着时程的增加和液化度的升高,计算出的动土压力 P_{ae} 波动逐渐减弱,在 4 s 时刻回填砂土发生了液化,液化度达到了 1.0,地震动作用的此后 6 s 时段内,一直因回填砂土处于液化状态而使得动土压力持续为一稳定值。

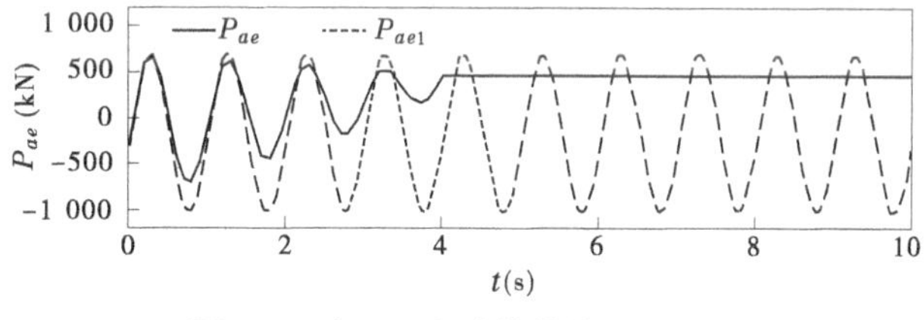

图 3-8　动土压力计算值的时程变化

3.7.3　动土压强分布形式与参数讨论

对于 $\varphi=30°$, $\delta=\varphi/2=15°$, $f_s=f_w=f=1.2$, $k_{hs}=k_h=0.4$, $k_{vs}=0.5k_h$ 的工况,根据式(3-28)计算出动土压强沿码头墙身高度的分布形式,计算结果如图 3-9 所示,整体规律是动土压强 p_{ae} 随着码头墙的深度增加而增大,不同液化度 E_l 对应于不同的 p_{ae} 分布形式,都为不规则的非线性分布。E_l 从 0 增加到 0.5 时,p_{ae} 数值逐渐减小,呈上抛物线分布,类似于天津大学王元战等[29]分析墙体绕基础转动变位模式下的静土压力分布形式;E_l 从 0.5 增加到 1.0 时,p_{ae} 数值又逐渐增大,变为下抛物线分布,类似水平变位的静土压力分布模式。图 3-9 中给出了 Mononobe-Okabe 拟静力法计算出的土压强线性分布结果，可以看出拟静力法接近拟动力法中 E_l 为 0 的计算结果，数值上相对小一些。

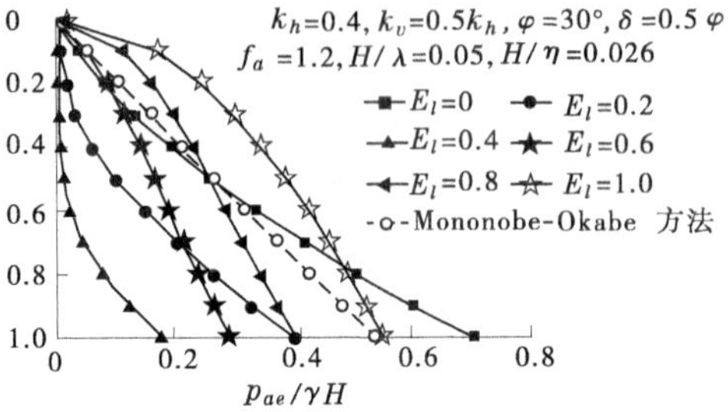

图 3-9　不同液化度下地震动土压强分布

下面就不同参数对动土压强分布形式的影响做定性分析与讨论，液化度分别取 E_l = 0.4（t/T = 1.0）和 E_l = 0.8（t/T = 3.5）两种工况进行研究；变化的参数取值为：φ = 20°、40°，δ = 0、0.5φ，k_h = 0、0.2 和 0.4，k_v = 0、0.5k_h，f_a = 1.0、1.2 和 1.4。具体计算结果如图 3-10 ~ 图 3-12 所示。

图 3-10 为回填土内摩擦角和墙背摩擦角变化下的地震动土压强沿墙身的分布。当 E_l = 0.4 时，随着内摩擦角 φ 的增加，动压强数值显著增大，φ = 20°时动土压强值最大，φ = 40°时产生的动土压强分布形式有些差异，随着深度的增加递增幅度较小，φ 从 20°发展到 40°时，码头墙底（z/H = 1.0）处动土压强减小了 86%；墙背与填土间的摩擦角 δ 分别取 0 和 0.5φ 值时产生的动土压强值也相差较大，随着墙体摩擦角 δ 的增大而减小，δ 从 0 增长到 0.5φ 时，墙底动压强数值减小了 25%。当 E_l = 0.8 时，内摩擦角 φ 取不同数值时动土压强分布规律基本一致，沿着码头墙身逐渐增大，且动土压强随着 φ 的增加逐渐减小，φ 从 20°增大到 40°时，码头墙底动土压强减小了 48%；而墙背与填土间的摩擦角 δ 分别为 0 和 0.5φ 时产生的动土压强数值差值变小，δ 从 0 增长到 0.5φ 时，墙底动压强数值减小了 15%。计算结果表明了砂土内摩擦角越大，动土压强越小；回填砂土高液化度下，内摩擦角对动土压强的影响减弱；而墙背与回填土间摩擦角的变化对低液化度下的动土压强影响较明显，对高液化度下的动土压强影响相对较小。

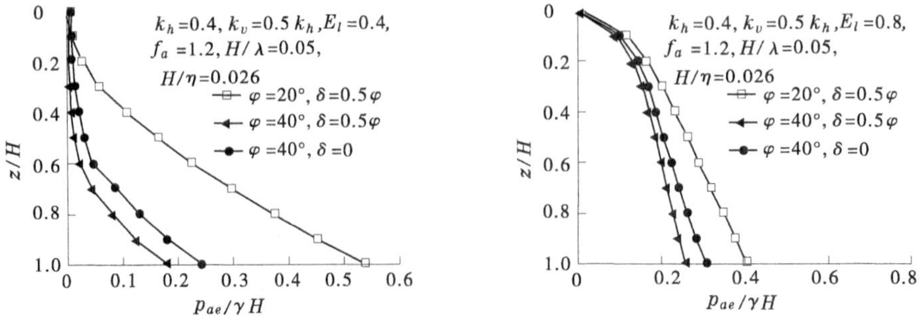

(a)E_l=0.4　　(b)E_l=0.8

图 3-10　不同摩擦角下的地震动土压强分布

图 3-11 为地震加速度系数变化下的地震动土压强沿墙身的分布情况。当 $E_l=0.4$ 时，随着水平地震系数 k_h 的增加，动土压强数值相对减小，沿着墙身的非线性分布也逐渐变明显；k_h 从 0 发展到 0.4 时，中间部位（$z/H=0.5$）的动土压强减小了 85%，而码头墙底（$z/H=1.0$）处动土压强只减小了 9.5%；竖向地震系数 k_v 为 0 时，产生的动土压强值比取 $0.5k_h$ 时的大，在码头墙底（$z/H=1.0$）处动土压强增加了 14%。当 $E_l=0.8$ 时，随着水平地震系数 k_h 的增加，动土压强数值显著增加，k_h 从 0 发展到 0.4 时，中间部位（$z/H=0.5$）的动土压强增加了 460%，码头墙底（$z/H=1.0$）处动土压强增加了 335%；竖向地震系数 $k_v=0$ 时，产生的动土压强值比取 $0.5k_h$ 时的大，在码头墙底（$z/H=1.0$）处动土压强增加了 13%。计算结果表明了回填砂土液化程度较高时，水平地震系数的增加对动土压强值的影响较大，竖直向上的地震加速度系数对动土压强具有一定的影响。

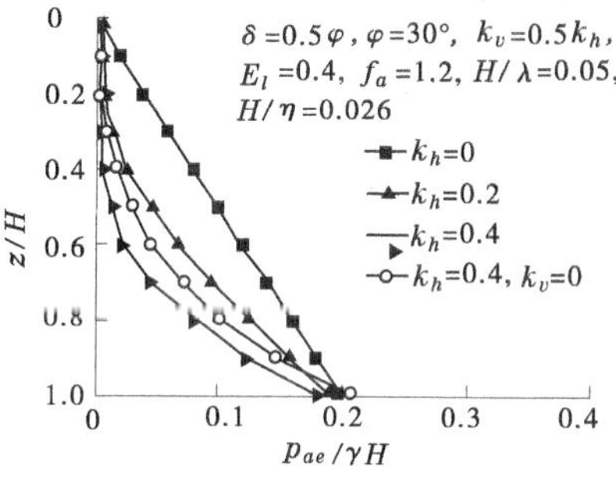

(a)E_l=0.4

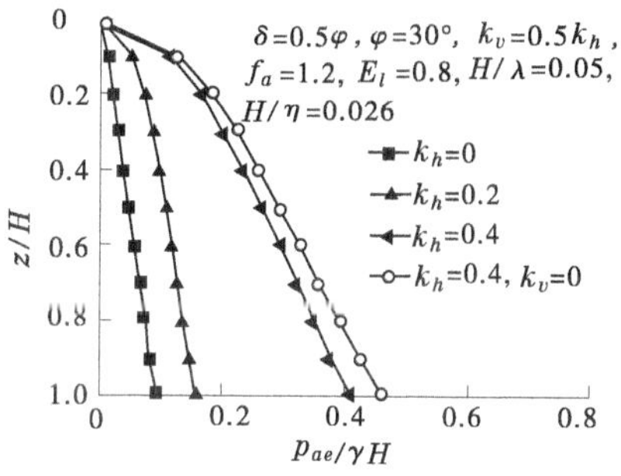

(b)E_l=0.8

图 3-11　不同地震加速度系数下的地震动土压强分布（$E_l=0.4$、0.8）

图 3-12 为土体放大系数变化下的地震动土压强沿墙身的分布情况。当 $E_l=0.4$ 时，随着土体放大系数 f_a 的增加，动土压强数值逐渐增加；f_a 从 1.0 发展到 1.4 时，中间部位（$z/H=0.5$）的动土压强增加了 220%，码头墙底（$z/H=1.0$）处动土压强增加了 103%。当 $E_l=0.8$ 时，动土压强数值也随着土体放大系数 f_a 的增加而逐渐增加；f_a 从 1.0 发展到 1.4 时，中间部位（$z/H=0.5$）的动土压强增加了 54%，码头墙底（$z/H=1.0$）处动土压强增加了 60%。结果表明，不同液化度下，放大系数越大，动土压强数值越大，在低液化度下影响更为显著，这也说明了高液化度下，软化的土体在地震波传播过程中的放大效应有所减弱。

3.7.4　动土压力作用点位置

由前面分析的结果得出动土压力是呈高非线性分布的，故动土压力的作用点位置就不在码头基底线上的 $H/3$ 处，具体位置的确定比较复杂，影响因素较多。根据式（3-27）与式（3-28）对 $\varphi=30°$，$\delta=\varphi/2=15°$，$f_s=f_w=f=1.2$，$k_{hs}=k_h=0.4$，$k_{vs}=0.5k_h$ 的工况进行了计算，计算结果如图 3-13 和图 3-14 所示。随着时程的增加，液化度的升高，动弯矩波动逐渐减弱，在 4 s 时趋于常数；而动土压力作用点位置随着时程的增加，先呈减小趋势，y/H 降至 0.1，然后在 1.5 s 之后又基本呈增大趋势，在 4 s 之后，回填砂土达到液化，y/H 趋于 0.46。计算结果呈现了动土压力作用点位置的复杂变化规律，在地震时程中既有低

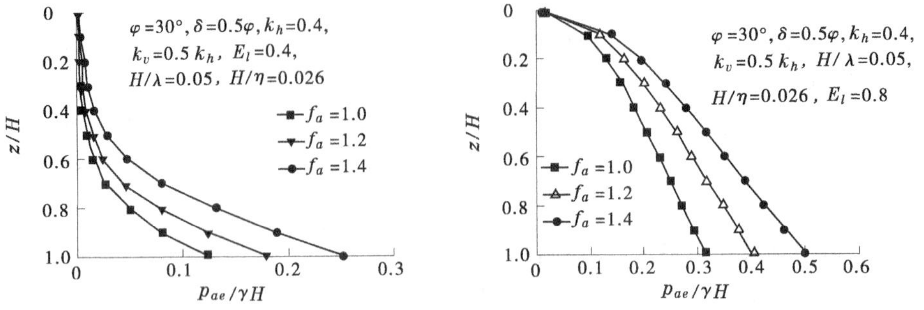

(a)E_l=0.4　　(b)E_l=0.8

图 3-12　不同放大系数下的地震动土压强分布（E_l = 0.4、0.8）

于 $H/3$ 的情况，又有高于 $H/3$ 的情况，主要是因为地震过程中回填砂土的不同液化程度引起的，液化度较低时，作用点位置相对较低，当液化度发展较高时，作用点位置也逐渐提高。

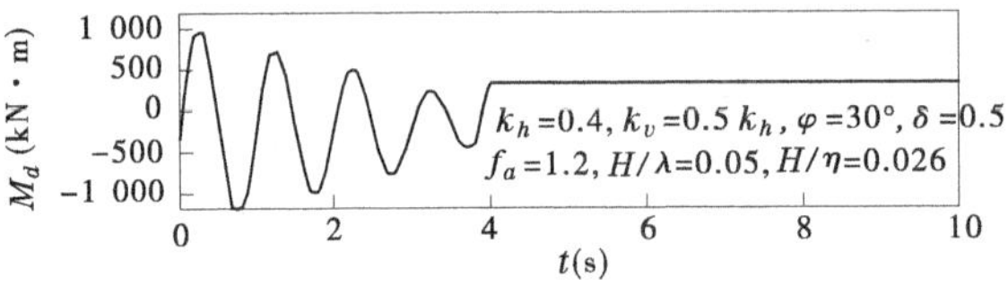

图 3-13　动弯矩计算值的时程分布

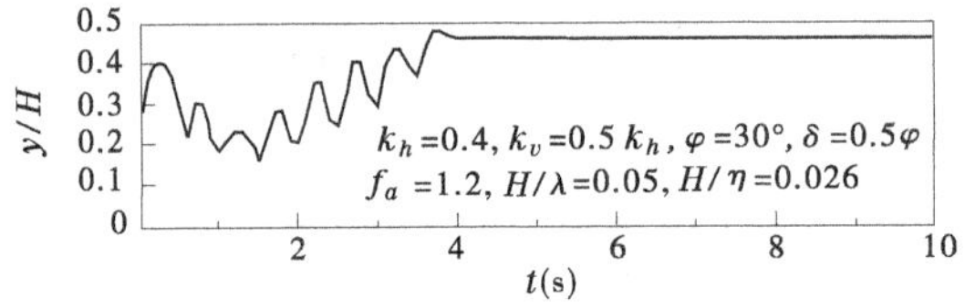

图 3-14　动土压力作用点位置计算值的时程分布

3.7.5　门槛加速度系数的确定

根据式(3-29)与式(3-30)推算出码头的旋转和滑动运动的门槛加速度系数，所得时程分布计算结果见图 3-15。每一个时刻，滑动门槛加速度系数比旋转的要大得多，显然，码头先开始旋转；旋转后的码头滑动门槛加速度系数需根据修正式(3-39)来确定，时程变化结果绘于图 3-15 中，修正后的滑动门槛加速度系数相对减小。根据每一时刻的门槛地震加速度系数来判别码头的运动形式以及计算耦合运动的残余变形。

3.7.6　残余变形计算

3.7.6.1　残余角变形

运用前面给出的计算方法对考虑地震过程中码头回填砂土的液化度对码头残余变形的影响进行具体的分析，为做比较，还计算了不考虑回填砂土液化度影响的工况，即对考虑液化度（E_l = 1.0）和不考虑液化度（E_l = 0）的两种极端工况进行了比较和讨论。

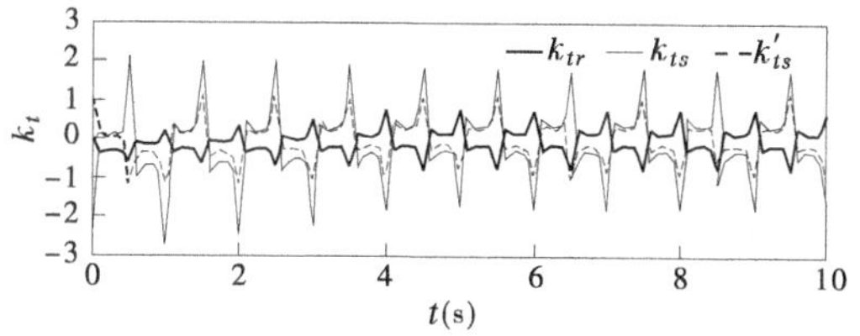

图 3-15　滑动与旋转门槛加速度系数计算值的时程变化

根据式(3-29)确定出考虑液化度与不考虑液化度两种工况下的旋转门槛旋转加速度系数 k_{tr}，所得时程曲线如图 3-16(a)所示，可见未考虑液化度的门槛加速度系数一直规则变化；而考虑液化度的门槛系数在开始 1 s 时段里与未考虑液化度的数值相近，接着门槛加速度系数波幅随着时程的增加逐渐增大，4 s 后波动趋于稳定，在 4 ~ 10 s 时段里其值正负交替变化，主要是因为此时段里的动主动土压力为固定不变值，旋转门槛加速度系数随码头自身的惯性力而波动变化。由式(3-37)计算旋转角加速度 α 时程曲线如图 3-16(b)所示，考虑液化度的旋转角加速度在 0 ~4 s 时段随着时程的增加和液化度的升高，波动幅度逐渐减弱，4 s 后波动趋于稳定，而未考虑液化度的旋转角加速度一直保持为同一规则波动，且幅值相对较大。

利用式(3-36)与式(3-37)计算码头旋转的角速度 ω 和角变形 θ 的时程曲线分别见图 3-16(c)与图 3-16(d)。未考虑液化度的旋转角速度随着时程增加波动幅度一致，但数值逐渐增加；考虑液化度的旋转角速度在 0 ~4 s 时段内波幅逐渐减小，小于未考虑液化度的波幅，数值也是持续增加的，但增加的幅度大于未考虑液化度时的情况，4 s 后旋转角速度的波幅变为一致，而数值增加的幅度变得更大。角变形的时程发展规律基本一致，随着时程逐渐增大，4 s之前，考虑液化度的旋转角变形与未考虑液化度的角变形数值相当，4 s 后开始超出未考虑液化度，且增长的速度比未考虑液化度的快，直到地震动作用结束；在地震动作用结束时刻，旋转角变形为 11.3°，比未考虑液化度的 9°角变形约增加了36%。此过程表明相对于未考虑液化度的码头角变形，考虑液化度的码头当液化度较低时，土体还未被软化，产生的角变形较小，表明低液化度的回填砂土对码头角变形的影响较小；但达到液化后，呈流体流动特性的回填砂土促进码头产生了较大的残余角变形。残余角变形结果说明在地震安全设计中若不考虑回填砂土液化度对码头旋转运动的影响会变得不安全。

3.7.6.2　残余滑动变形

根据式(3-39)确定考虑液化度与不考虑液化度两种工况下修正的滑动门槛旋转加速度系数 k'_{ts}，所得时程曲线如图 3-17(a)所示。总体上，随着时程的发展，两种工况下的滑动门槛加速度系数波动幅度没有什么变化，整个过程正负交替变化。未考虑液化度的波幅随着时程变化一致，而考虑液化度的在 4 s 前随着时程波幅稍微减弱，4 s 后波动幅度一致，两者数值在 2 s 之后开始有些差别，考虑液化度的门槛系数数值逐渐抬升，趋向于正值，在 4 s 之后两者差值趋于稳定。

由式(3-44) ~ 式(3-51)计算墙角 O 处的水平加速度、水平速度以及滑动变形的时程曲线，另外给出作用在码头基础上的法向力和码头质心的加速度几个中间变量的计算情

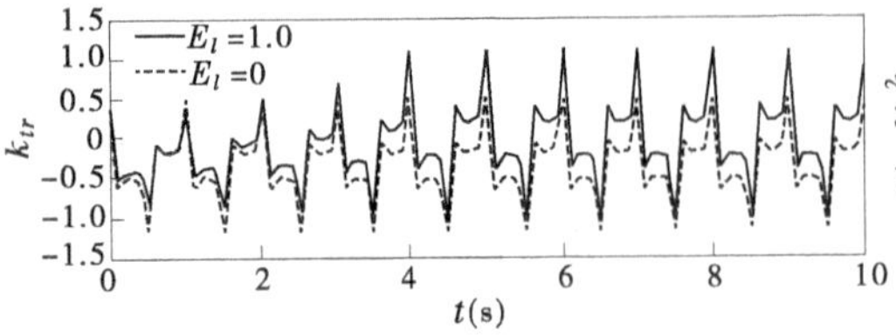

(a)旋转门槛加速度系数时程曲线

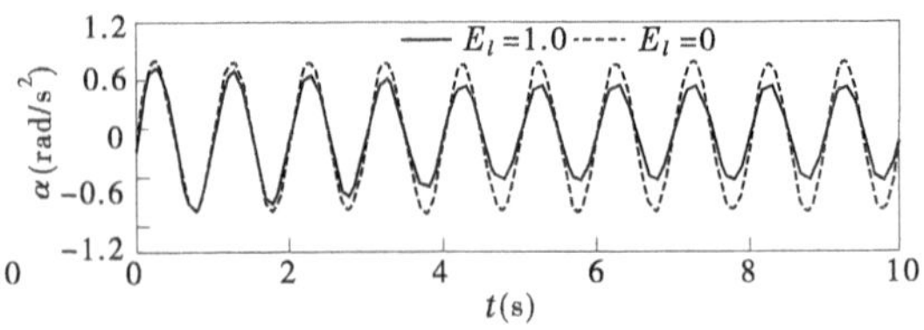

(b)旋转角加速度时程曲线

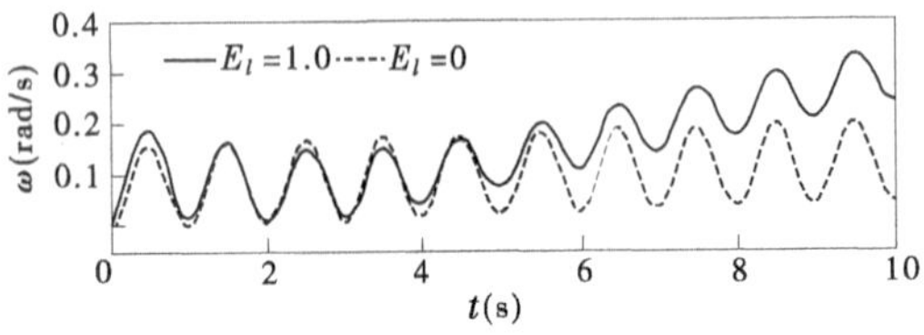

(c)旋转角速度时程曲线

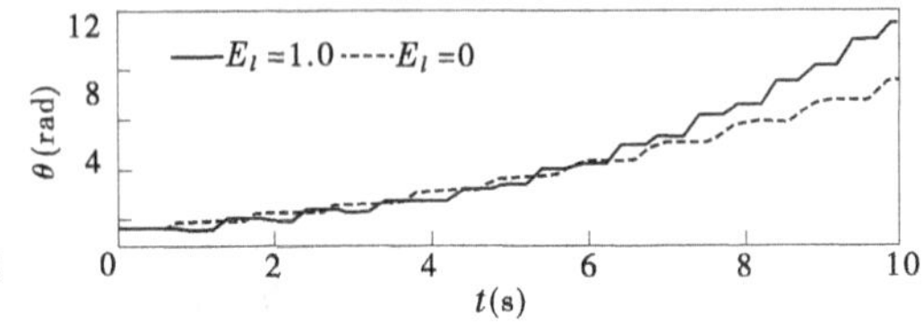

(d)码头墙的旋转变形时程曲线

图 3-16　旋转门槛加速度系数、旋转角加速度、旋转角速度和旋转变形时程变化

况,结果分别见图 3-17(b)~(g)。

由图 3-17(b)可以看出,未考虑液化度的法向力 N 呈规则变化,数值在 330~850 kN 波动;而考虑液化度的法向力在 4 s 之前波幅逐渐减小,4 s 之后波幅不变,但数值逐渐减小,整体在 500~700 kN 变化。

图 3-17(c)为码头质心水平向加速度 a_{cx} 的变化曲线,未考虑液化度的规则变化,考虑液化度的 4 s 之前逐渐减弱,4 s 之后趋于稳定,在 −2~2 m/s^2 内规则变化。

图 3-17(d)为码头质心竖向加速度 a_{cy} 的变化曲线,同样,未考虑液化度的规则变化,而考虑液化度的 4 s 之前逐渐减弱,4 s 之后波幅趋于稳定,但数值大小逐渐趋向于负值,同前面的法向力变化规律。

图 3-17(e)为码头旋转点 O 的水平向加速度 a_{oh} 的时程曲线,可见,未考虑液化度的规则变化,考虑液化度的 4 s 之前逐渐减弱,4 s 之后波动幅度稳定变化,但数值大小逐渐增加,波动范围由原来的 0~1.0 m/s^2 变为 0.3~1.2 m/s^2。

图 3-17(f)为码头旋转点 O 的水平向速度 v_{oh} 的变化曲线,可见考虑液化度的水平速度在 4s 之前比未考虑液化度的大,主要是此时段的滑动门槛系数比未考虑液化度的有所减弱;4 s 之后的时段内,由于水平加速度较大,超过门槛水平加速度的可能性增大,致使液化后的码头水平速度增加放缓,而未考虑液化度的水平速度一直有规律地增长,4 s 后就超过了考虑液化度的水平速度。

图 3-17(g)为码头旋转点 O 的滑动变形 s 的时程图,同水平速度的发展规律相似,开始阶段,液化度较低,码头的速度较小,相对地面的水平速度较大,使滑动变形迅速增加,且与未考虑液化度的变化规律相近;之后,由于码头速度变大,而相对地面速度较小,致使滑动趋势减弱、滑动变形增加变缓。在地震动结束时刻,考虑液化度的码头滑动变形为 0.73 m,比未考虑液化度的 0.56 m 增加了 30%,该变化规律表明了考虑液化度的码头在回填土较低的液化度下产生的滑动变形与未考虑液化度产生的滑动变形相当,但达到液化后,呈流体流动特性的回填砂土促进了码头产生较大的滑动变形。残余滑动变形计算结果也说明了地震安全设计中需考虑回填砂土的液化度对码头滑动运动的影响。

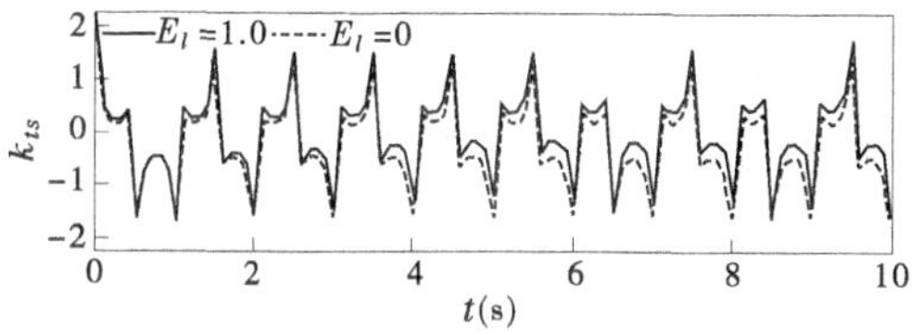

(a)修正的滑动门槛加速度系数时程变化

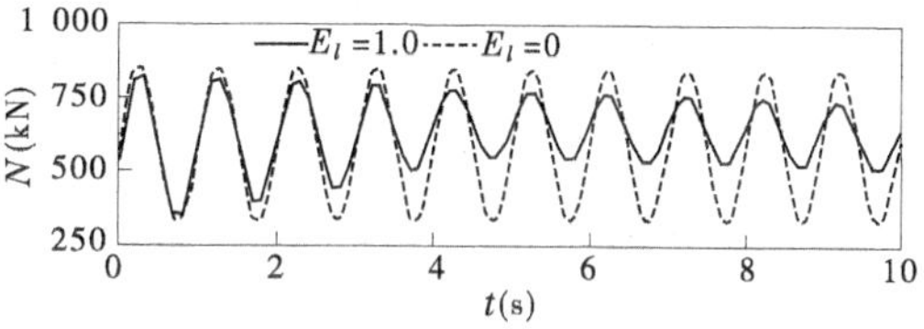

(b)码头基础上的法向力时程变化

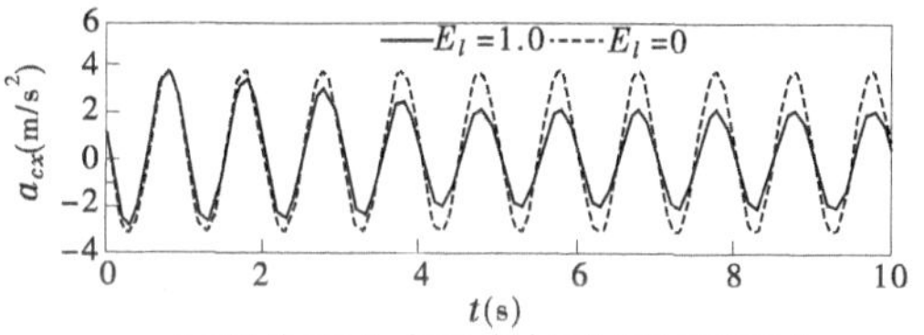

(c)码头质心水平向加速度时程变化

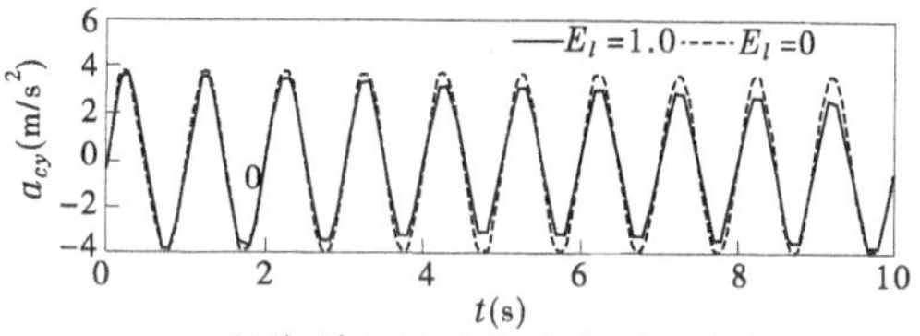

(d)码头质心竖向加速度时程变化

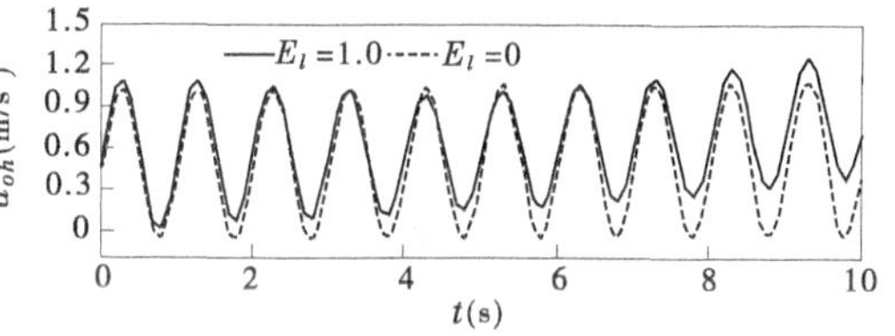

(e) O点的水平向加速度时程变化

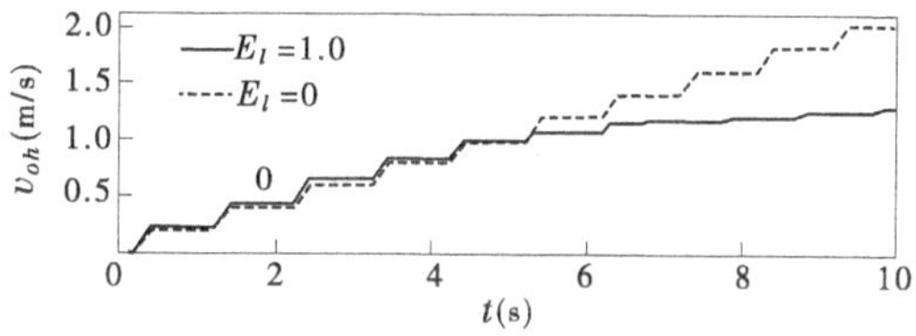

(f) O点的水平速度时程变化

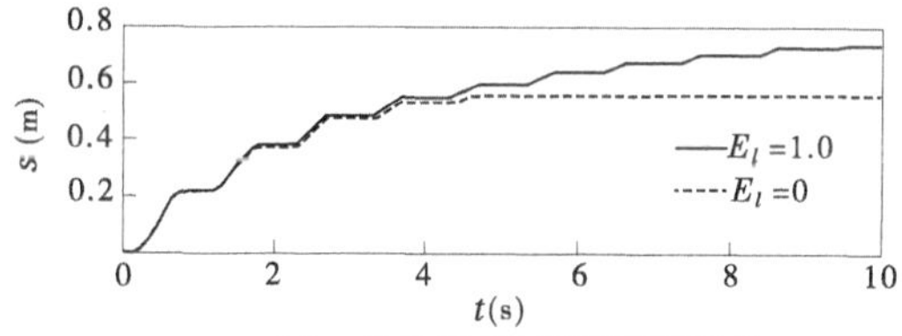

(g) O点的滑动变形时程变化

图 3-17　滑动门槛系数、法向力、加速度、速度和滑动变形时程曲线

地震波动结束后，利用式(3-35)计算出不考虑液化度情况的旋转角加速度 α 为 -0.48 rad/s^2，旋转角速度 ω 从 0.045 rad/s 降低到 0 还需要约 0.1 s 的时间，即码头在 10.1 s 停止旋转，码头最终的残余角变形仍约为 9°，表明在不考虑液化度的情况下，码头运动在地震动结束后即已停止，几乎没有再产生角变形；对于考虑液化度情况，旋转角加速度变为 -0.43 rad/s^2，旋转角速度 ω 从 0.26 rad/s 减速到 0 还需要约 0.6 s，即码头在 10.6 s 停止旋转，码头最后的残余旋转变形为 16.8°，计算结果说明考虑液化度的码头运动停止时刻与地震动结束时刻相差不大，但在这较短的时间段内仍产生一部分不容忽视的角变形，约占残余旋转变形的 27%。

3.8　本章小结

本章主要是在第 2 章拟静力法分析码头地震残余变形的基础上，考虑复杂的地基运动特征和液化度的时程变化特征研究码头的残余变形，主要工作和结论如下：

(1)同时考虑水平和竖向地震载荷的影响，采用 Seed 的孔隙水压力应力模式考虑码头后回填砂土液化度的时程变化特征,应用极限平衡法推导了随液化度变化的动土压力计算式,给出了动土压力分布形式和作用点位置的确定方法,基于旋转块体法建立了重力码头在地震旋转与滑动耦合运动下残余变形的计算方法。

(2)动土侧压力系数随着地震动幅值的增大而增加,土楔与水平向的夹角随着地震动幅值的增大而减小,表明地震动幅值越大对码头的破坏越严重;Mononobe-Okabe 拟静力法计算出的破坏楔体和动侧压力系数数值偏于保守,而 Coulomb 静力理论计算出来的破坏土体和静侧压力系数最小,最不安全。计算结果说明,工程中按静力理论设计明显很不安全,按拟静力法又显得有些保守且不太经济。

(3)动土压力作用点位置变化规律较复杂,在地震时程中有低于 $H/3$ 的情况,也有高于 $H/3$ 的情况,主要是因为地震过程中回填砂土的不同液化度引起的;液化度较低时,作用点位置相对较低,低于 Mononobe-Okabe 拟静力法中的 $H/3$ 位置处;当液化度发展较高时,作用点位置也逐渐抬高,高于 $H/3$。

(4)动土压力沿深度呈非线性分布,整体规律是数值大小沿着码头墙身向下逐渐增大,但分布形式在不同液化度下呈现复杂的变化;动土压强随着液化度的增加逐渐减小,当液化度为 0.4 ~0.5 时达到最小,之后又随着液化度的增加而逐渐增大,液化度较高时动土压强分布形式呈流体动水压力分布;液化度为零时的动土压强计算结果与 Mononobe-Okabe 拟静力法计算结果相当,表明拟动力法计算具有一定的可靠性。

(5)动土压强大小与地震载荷形式和回填砂土的物理特性等影响因素有关。回填砂土液化度较高时,水平地震系数的增加对动土压强值的影响较大,竖向地震系数的增加对动土压强的数值也有一定的影响;回填砂土内摩擦角越大,动土压强越小,随着液化度的升高,内摩擦角的变化对动土压强的影响减弱;低液化度时,墙背和回填砂土间的摩擦角对动土压强影响较大,高液化度时影响较小;放大系数越大,动土压强数值越大,低液化度下放大系数的影响比高液化度下明显。计算结果说明高液化度下土体的软化减弱了砂土内摩擦角、墙体的摩擦角和地震波传播的放大效应对动土压力的影响。

(6)码头的角变形随着时程的增加而逐渐增大;与未考虑液化度的工况相比较,当液化度较低时,码头产生了相对较小的角变形,与未考虑液化度产生的角变形没有明显差别,但达到液化后,呈流体流动特性的回填砂土促进码头产生了较大的残余角变形;考虑液化度的码头旋转运动停止时刻与地震动结束时刻相差不大,但在这较短的时间段内仍产生一部分不容忽视的角变形。最终的残余角变形明显高于未考虑液化度的工况,结果表明地震工程安全研究中需重视回填砂土的液化度对码头旋转运动的影响。

(7)码头的滑动变形也是随着时程的增加逐渐增大的;初始阶段,液化度较低,码头速度较小,相对地面速度较大,使得滑动变形迅速增加;之后,码头的速度变大,相对地面的速度较小,使得滑动趋势减弱,滑动变形增加缓慢。考虑液化度的码头在液化度较低时产生的滑动变形与未考虑液化度产生的滑动变形数值相当,但达到液化后,呈流体流动特性的回填砂土促进码头产生了较大的滑动变形。残余滑动变形计算结果也说明地震工程安全研究中若不考虑回填砂土液化度对码头滑动运动的影响会变得不安全。

参考文献

[1] 王浩,董建华,王永胜,等. 挡土墙地震土压力的拟动力分析[J]. 振动与冲击,2016,35(18):128-133.

[2] 黄睿,夏唐代,钟丽娜,等. 地震作用下挡土墙抗滑动稳定性的拟动力分析[J]. 中南大学学报(自然科学版),2014,45(9):3186-3192.

[3] 任永强,何昌荣,路永珍. 基于有限元水平地震荷载作用下土坡稳定性分析[J]. 路基工程,2011(6):41-44.

[4] 程亚男,孙树林,阮晓波,等. 加筋土挡墙地震稳定性的拟动力分析[J]. 岩土力学,2013,34(12):3573-3579.

[5] 袁卓亚,王卫山,上官甦,等. 加筋土挡墙屈服加速度与永久位移特性的拟动力法研究[J]. 灾害学,2017,32(2):18-25.

[6] 黄彬彬. 考虑挡土墙位移模式的地震主动土压力拟动力研究[D]. 南京:南京大学,2013.

[7] 王丽艳,刘汉龙. 可液化回填土中重力码头地震旋转残余角位移的拟动力法计算[J]. 土木工程学报,2009,42(10):97-103.

[8] 吕哲,张晧月. 浅埋隧道衬砌结构地震侧压力的拟动力法求解[J]. 河南城建学院学报,2017,26(3):5-9.

[9] B Munwar Basha, G L Sivakumar Babu. Computation of sliding displacements of bridge abutments by pseudo-dynamic method[J]. Soil Dynamics and Earthquake Engineering, 2009,29:103-120.

[10] H Nouri , A. Fakher , C J F P Jones . Evaluating the effects of the magnitude and amplification of pseudo-static acceleration on reinforced soil slopes and walls using the limit equilibrium Horizontal Slices Method[J]. Geotextiles and Geomembranes,2008,26: 263-278.

[11] Debra F Laefer, Linh Truong Hong,Aykut Erkal,et al. Manufacturing, assembly, and testing of scaled, historic masonry for one-gravity, pseudo-static,soil-structure experiments[J]. Construction and Building Materials,2011,25:4362-4373.

[12] Brendon A Bradleyn,Misko Cubrinovski,Jennifer J M Haskell. Probabilistic pseudo-static analysis of pile foundations in liquefiable soils[J]. Soil Dynamics and Earthquake Engineering,2011,31:1414-1425.

[13] Sima Ghosh. Pseudo-dynamic active force and pressure behind battered retaining wall supporting inclined backfill[J]. Soil Dynamics and Earthquake Engineering,2010,30:1226-1231.

[14] Syed Mohd. Ahmad,Deepankar Choudhury. Pseudo-dynamic approach of seismic design for waterfront reinforced soil-wall[J]. Geotextiles and Geomembranes,2008,26:291-301.

[15] Mounir Belghali,Zied Saada,Denis Garnier,et al. Pseudo-static stability analysis of rock slopes reinforced by passive bolts using the generalized HoekeBrown criterion[J]. Journal of Rock Mechanics and Geotechnical Engineering,2017,9:659-670.

[16] Magued Iskander,Zhibo (Chris) Chen, Mehdi Omidvar, et al. Rankine pseudo-static earth pressure for $c-\phi$ soils[J]. Mechanics Research Communications,2013,51:51-55.

[17] B Munwar Basha, G L Sivakumar Babu. Reliability assessment of internal stability of reinforced soil structures:A pseudo-dynamic approach[J]. Soil Dynamics and Earthquake Engineering,2010,30:336-353.

[18] Sreevalsa Kolathayar, Priyanka Ghosh. Seismic active earth pressure on walls with bilinear backface using pseudo-dynamic approach[J]. Computers and Geotechnics,2009,36:1229-1236.

[19] Deepankar Choudhury, Sanjay Nimbalkar. Seismic rotational displacement of gravity walls by pseudo-dynamic method: Passive case[J]. Soil Dynamics and Earthquake Engineering,2007,27:242-249.

[20] Anindya Pain, Deepankar Choudhury, S K Bhattacharyya. Seismic rotational stability of gravity retaining walls by modified pseudo-dynamic method[J]. Soil Dynamics and Earthquake Engineering,2017,94:244-253.

[21] Sunil M Rangari, Deepankar Choudhury, D M Dewaikar. Seismic uplift capacity of shallow horizontal strip anchor under oblique load using pseudo-dynamic approach[J]. Soils and Foundations, 2013,53(5):692-702.

[22] Sanjay Nimbalkar, Deepankar Choudhury. Sliding stability and seismic design of retaining wall by pseudo-dynamic method for passive case[J]. Soil Dynamics and Earthquake Engineering,2007,27: 497-505.

[23] Debarghya Chakraborty , Deepankar Choudhury. Sliding stability of non-vertical waterfront retaining wall supporting inclined backfill subjected to pseudo-dynamic earthquake forces[J]. Applied Ocean Research, 2014,47:174-181.

[24] B Giridhar Rajesh, Deepankar Choudhury. Stability of seawalls using modified pseudo-dynamic method under earthquake conditions[J]. Applied Ocean Research,2017,65:154-165.

[25] Sung-Ryul Kim, In-Sung Jang, Choong-Ki Chungc,et al. Evaluation of seismic displacements of quay walls[J]. Soil Dynamics and Earthquake Engineering, 2005, 25:451-459.

[26] Choudhury D, Nimbalkar S S. Seismic passive resistance by pseudo-dynamic method[J]. Geotechnique, 2005,55(9):699-702.

[27] Choudhury D, Nimbalkar S S. Seismic rotational displacement of gravity walls by pseudodynamic method: Passive case[J]. International Journal of Geomechanics,2008,8(3):169-175.

[28] Zeng X, Steedman R S. Rotating block method for seismic displacement of gravity walls[J]. J. Geotechn Geoenviron Eng ASCE,2000,126(8):709-717.

[29] 王元战,李蔚,黄长虹. 墙体绕基础转动情况下挡土墙主动土压力分布[J]. 岩土工程学报,2003,25(2):208-211.

第 4 章　动力有限元分析码头残余变形的图形预测法

4.1　引　言

4.1.1　数值分析法

有效应力数值分析法是目前预测液化引起的码头变形的精确方法。S. P. Gopal Madabhushi(1996)[1]在研究土与结构动力相互作用中结构变形的问题时对典型的三种结构进行了有限元数值预测,三种典型结构分别是干性和饱和回填砂土的码头、饱和堤防里的嵌入块体、饱和砂床上的塔机构。干性和饱和回填砂土的码头模型是采用的 Zeng (1992)[2]所做的离心机试验模型,有限元法是采用的 SWANDYNE 程序,将数值分析结果同离心机试验数据做比较,结果表明该有限元法能预测码头的滑动变形。

Liu Hanlong, Iai 等(1997)[3]对日本 1994 年的 Hokkado-Toho-Oki 地震中的沉箱码头变形地基处理效果进行了模拟和对沉箱码头岸壁的地震行为进行了研究;刘汉龙等(1998)[4]又对日本 1995 年阪神大地震中的大型沉箱式码头岸壁地震反应进行了分析。Yuan Di 等(2004)[5]用任意拉格朗日欧拉(ALE)有限元法模拟饱和砂土液化引起的大变形问题,将有限元和有限差分法混合应用,即饱和回填砂土的平衡方程用有限元法离散,连续方程里的超孔隙水压用有限差分法进行离散,采用循环弹塑性本构模型的有效应力分析方法,对 1995 年阪神地震中的一沉箱式码头地震变形的震害实例验证了该方法的精确性和解决液化变形实际问题的能力。

蔡晓光[6]和袁晓铭等(2005)借鉴已有的分析土坝地震永久变形的软化模量法思想,对孔压增长模型和相应的分析步骤进行改进,建立计算砂土液化侧向大变形的软化模量计算模型,对 1995 年阪神地震中近岸场地液化大变形引起的沉箱岸壁变形进行了分析与研究。陈育民(2007)[7]将液化后流动特性本构模型开发到 FLAC3D 中,改进了 Finn 模型对液化后变形处理的功能,建立了耦合的液化后大变形的数值分析方法,对 Kobe 地震中沉箱码头的震害实例进行了分析,验证了开发模型的适用性。

4.1.2　问题的提出

基于非线性有限单元法的有效应力动力分析方法和采用复杂弹塑性模型并考虑水土耦合作用的动力分析方法在土 - 结构动力相互作用问题分析中处于领先水平,其分析方法的核心是所用的动力应力应变模式。日本港湾研究所 Iai 等采用多重剪切机构弹塑性模型开发了液化分析的有限元程序(FLIP),该模型能反映土体在地震作用下主应力旋转的影响,并将振动反应耦合于地震动的每一瞬间。该程序在分析日本阪神淡路等大地震对岸壁和堤岸等建筑物的破坏中(如沉箱码头)取得了很好的效果,计算结果与地震后实测结果基本吻合;也较好地再现了液化土同栈桥式基础相互作用的离心模型试验结果,特别体现在预测超静孔隙水压力比方面。

重力码头的残余变形与可液化的回填砂土和置换砂的物理特性及厚度、地震载荷特性、码头的几何尺寸等诸多因素有关。为了详细地探讨诸多因素对码头残余变形的影响,本章主要是借助 FLIP 程序对地基 - 重力码头 - 回填砂土三体系统的动力相互作用进行系统的分析,对影响因素的机制进行详细的研究,并初步探讨码头地震残余变形与液化度之间的关系。与前面第 2 章和第 3 章简化的计算方法有所不同的是有限元分析模型能同时考虑回填砂土和置换砂的液化度,因而能较全面地反映重力式码头的各种工况。

4.2　有效应力动力分析法

FLIP (Finite element analysis of Liquefaction Program)程序是日本国立港湾技术研究所研制和开发的,用于地震作用下构造物及地基液化稳定和残余变形解析的大型有限元分析软件。1997 年 1 月在日本公开推荐,程序的计算原理和特点介绍如下。

4.2.1　有效应力分析原理

4.2.1.1　运动方程

动力有效应力分析是建立在 Zienkiewicz 两相耦合理论基础上的[8]。由平衡方程、物理方程、本构关系和连续方程以及边界条件和初始条件形成动力固结方程。超静孔隙水压力直接由动力固结平衡方程求解。为了考虑流体的共同作用,将海水模拟为不可压缩流体,根据固体与流体的接触面上的平衡和连续条件如图 4-1 所示,由固体加速度产生流体的惯性力应与孔隙水压力的导数保持一致:

$$\frac{\partial p}{\partial n} = -\rho \frac{\partial^2 U_n}{\partial t^2} \tag{4-1}$$

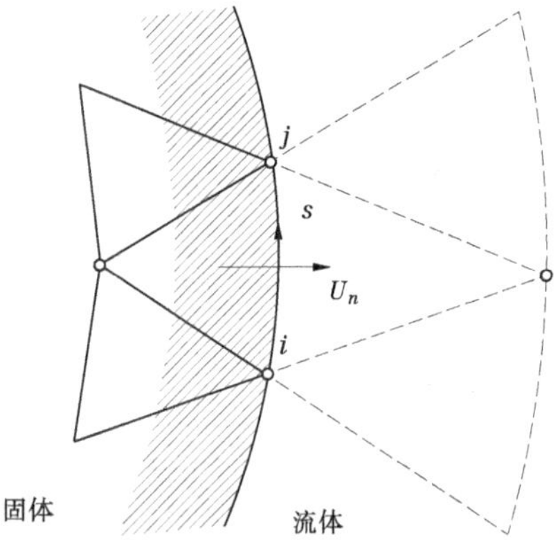

图 4-1　固流体接触面平衡和连续条件

式中: U_n 是变形的法向分量。

根据式(4-1)水压力分布的控制微分方程,Zienkiewicz 推导了流体的质量矩阵。因此,有限元离散后的控制方程组可表示为:

$$(M + \Delta M)\ddot{U} + C\dot{U} + \int_v B^{\mathrm{T}}\sigma \mathrm{d}v = -MI\ddot{U}_g + T_F \tag{4-2}$$

式中: U 为构造节点变形向量; M 和 C 分别为质量矩阵和阻尼矩阵; $I\ddot{U}_g$ 为基岩地震加速度向量; $\int_v B^{\mathrm{T}}\sigma \mathrm{d}v$ 是非线性材料单元的节点力向量; ΔM 为流体质量矩阵, $\Delta M = -S_F{}^{\mathrm{T}}HS_F$; H

为反映流体压力分布的函数矩阵；T_F 为表面力荷载向量；S_F 为动水压力增量矩阵。

4.2.1.2 多重剪切机构塑性模型

土体的本构关系采用定义在应变空间中的多重剪切机构塑性模型，本构模型如图 4-2所示，本构模型为对任意剪切面假设为简单剪切的双曲线模型，中心点在剪切应力作用下发生应变，该模型能够模拟考虑各向异性固结周期特性的主应力轴方向偏转的影响；并在解析超孔隙水压力时引入了液化前缘状态线（Liquefaction front），如图 4-3 所示，其能呈现地震液化发展趋势可能程度的应力路径。

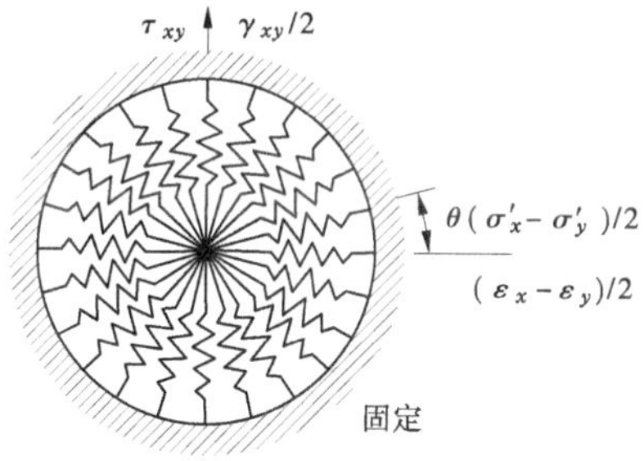

图 4-2 土体本构模型

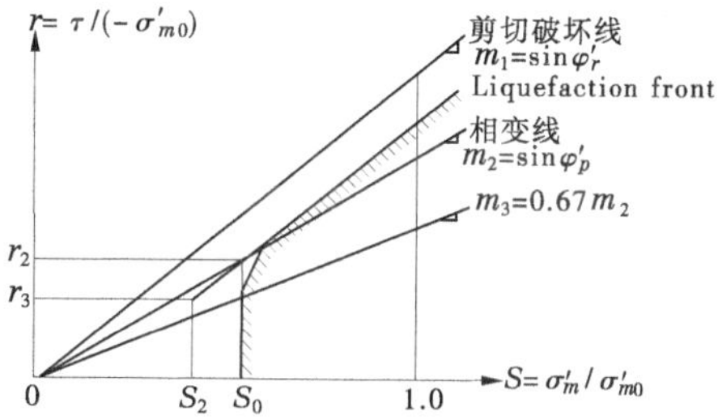

图 4-3 Liquefaction front 示意图

图 4-4 是多重剪切机构塑性模型示意图，实线表示的一对圆反映压缩剪切机制，虚线表示的一对圆反映简单剪切机制，其平面应变条件下表示周期活动性的有效应力和应变张量为：

$$\{\sigma'\}^{\mathrm{T}} = \{\sigma'_x,\sigma'_y,\tau_{xy}\} \tag{4-3}$$

$$\{\varepsilon\}^{\mathrm{T}} = \{\varepsilon_x,\varepsilon_y,\gamma_{xy}\} \tag{4-4}$$

本构关系的基本形式可表示如下：

$$\{\mathrm{d}\sigma'\} = [D](\{\mathrm{d}\varepsilon\} - \{\mathrm{d}\varepsilon_p\}) \tag{4-5}$$

$$[D] = K\{n^{(0)}\}\{n^{(0)}\}^{\mathrm{T}} + \sum_{i=1}^{N} R_{L/U}^{(i)}\{n^{(i)}\}\{n^{(i)}\}^{\mathrm{T}} \tag{4-6}$$

式中：$\{\mathrm{d}\varepsilon_p\}$ 代表考虑剪胀特性的附加应变增量，可由剪胀引起的体积应变增量式（4-7）求得。

$$\{\mathrm{d}\varepsilon_p\}^{\mathrm{T}} = \{\mathrm{d}\varepsilon_p/2,\mathrm{d}\varepsilon_p/2,0\} \tag{4-7}$$

式（4-6）第一项反映体积变化的机制，由回弹模量 K 和方向向量 n 表示：

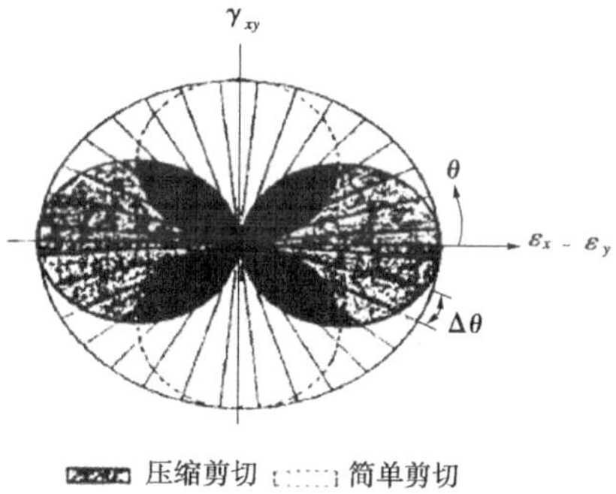

图 4-4 多重剪切机构塑性模型示意

$$\{n^{(0)}\}^{\mathrm{T}} = \{1,1,0\} \tag{4-8}$$

第二项反映多重剪切变化的机制，每一个机制 $i=1,2,\cdots,N$ 代表一个虚拟的与水平轴成 $\theta_i/2+\pi/4$ 角度的简单剪切机制。多重剪切机制方向向量可表示为：

$$\{n^{(i)}\}^{\mathrm{T}} = \{\cos\theta_i, -\cos\theta_i,\sin\theta_i\} \tag{4-9}$$

$$\theta_i = (i-1)\Delta\theta \tag{4-10}$$

$$\Delta\theta = \pi/N \tag{4-11}$$

加载和卸载准则定义在常规塑性理论应变空间，根据 $\{n^{(i)}\}^{T}\{d\varepsilon\}$ 的符号分别由每个虚拟简单剪切机制确定。由于多重剪切机构的特性，该模型能够模拟考虑各向异性固结周期性状的主应力轴方向偏转的影响。

模型中共有10个参数，其中反映土的弹性特性的有剪切体积模量 G_0 和 K_0，反映土的塑性剪切特性的有摩擦角、相变位角和衰减系数 φ_f'、φ_p' 和 H_m，其余 S_1，W_1，P_1，P_2 和 C_1 则反映土的剪胀特性，它们分别是液化终止状态参数、液化综合参数、液化初始相位参数和液化发生下限值参数。

4.2.2 FLIP 程序的特点

该计算程序的主要特点如下：

(1) FLIP 是基于有效应力原理变形和孔压连成解析的二维动力有限元程序。

(2) 多重剪切机构弹塑性模型用于模拟周期或循环荷载作用下的材料非线性应力应变关系，能考虑动主应力轴方向偏转的影响和液化引起的剪切大变形。

(3) 考虑上部结构、基础、地基与流体共同作用（可选择线性单元、非线性单元、结构与地基接触面单元、梁单元、流体单元以及流体与固体接触单元等）。

(4) 可模拟地震作用下地基及坝料的液化过程对结构的影响。

(5) 可计算地震作用下土工构造物的残余应力和残余变形（永久变形）。

(6) 计算领域的底面和侧方边界可考虑模拟无限体地盘的黏性境界。

(7) 运动方程时间积分法为 Wilson 法或 Newmark 法。非线性迭代法用 Newton-Raphson 法。

(8) 可以输出任意指定时刻的变形、速度、加速度和孔隙压力比等数据。

(9) 可用于各种堤坝、土石坝、面板坝、深基础和浅基础、地下结构（如隧道）、水平成层地基、边坡、码头和桥梁等多种结构的静、动力分析。

4.2.3 FLIP 程序的应用实例

最近十几年，国内外学者应用 FLIP 程序进行了实例分析，总体模拟的效果较好，预测具有一定的可靠性，具体的应用如下。

4.2.3.1 水平成层地基应用

Iai S 等 (1993)[9] 对美国国家自然科学基金资助的 VELACS 项目中的动力离心试验1——饱和松砂水平地基模型进行了数值预测；Iai S 等 (1995)[10] 对 1993 年日本 Kushiro Oki 地震中的密实水平砂土地层的地震反应进行了分析。

4.2.3.2 倾斜地基应用

Iai S 等(1993)[11] 对 VELACS 项目中的动力离心试验1——饱和松砂倾斜地基模型（倾斜角为2°）进行了数值模拟。

4.2.3.3 沉箱式岸壁应用

井合进等(1990)[12] 对日本兵库县南部的港工设施中的岸壁地震行为进行了有效应力分析；Liu Hanlong 等(1997)[13] 对日本 1994 年的 Hokkado-Toho-Oki 地震中的沉箱码头变形地基处理效果进行了模拟；Liu Hanlong 等(1997)[14] 又对沉箱码头岸壁的地震行为

进行了研究;刘汉龙等(1998)[4]又对日本 1995 年阪神大地震中的大型沉箱式码头岸壁地震反应进行了分析。

4.2.3.4　矢板式岸壁应用

Iai S 等(1993)[15]对锚索排桩码头岸壁地震引起的破坏进行了有限元分析;Liyan Wang 等(2014)[16]对液化地基土工格栅加筋土挡墙抗震性能进行了分析。

4.2.3.5　浅基础及防波堤应用

Iai S 等 (1993)[17]对 VELACS 项目中的动力离心试验 11——土与结构相互作用的模型进行了数值预测;井合进(1996)[18]对大地震中的地基 - 构筑物相互作用的变形进行了分析;刘汉龙等(1999)[19]对 1995 年阪神地震中的神户港中受地震破坏的防波堤进行了地震残余变形分析。

4.2.3.6　深基础应用

Liu Hanlong 等(1992)[20]对神户的 Ohashi 大桥的气胎沉箱的变形进行了评价并对其变形进行了分析。

4.2.3.7　堤坝及填土应用

井合进等(1990)[21]对空港高填土进行了观测与分析。Liu Hanlong 等(1992)[22]对液化引起的河堤变形进行了分析;刘汉龙等(1998)[23]对广东飞来峡土坝抗震液化和残余变形分析以及 1999 年[24]对福建晋江防洪堤工程抗震液化和变形进行了分析;O. Ozutsumia 等(2002)[25]对液化引起的河堤变形进行了有效应力分析。

4.2.3.8　地下结构物(如隧道)应用

Iai 等(1993)[26]对液化引起的地下结构的上浮机制进行了分析;汪明武等(2005)[27]对地震中加筋混凝土地下结构进行了有效应力分析。

4.2.3.9　FLIP 分析参数确定法

森田年一等(1992)[28]仔细研究了 FLIP 程序在预测液化引起的构筑物灾害预测中的各种参数的简易设定方法。

4.3　码头 - 土体相互作用的动力分析

4.3.1　有限元分析系统模型和材料参数

图 4-5 为地基 - 码头 - 回填土三体相互作用的典型断面系统分析模型[29,30]。图中,H 为重力码头的高度,b 为码头宽度,D_1 为回填砂土的深度,L 为回填砂加固长度,D_2 为置换砂深度。

重力码头的残余变形与可液化地基的置换砂和回填砂土的物理特性及厚度、地震载荷特性、码头的几何尺寸等诸多因素有关。为了具体探讨典型分析模型的码头地震残余变形,先以下面计算工况进行分析,然后具体讨论每一参数的影响情况。

初始设定的计算工况为:码头宽高比 b/H 为 0.8,回填砂深度与码头高度比 D_1/H 取 1.0,回填砂加固长度与码头高度比 L/H 为 0,置换砂深度与码头高度比 D_2/H 为 1.0,地

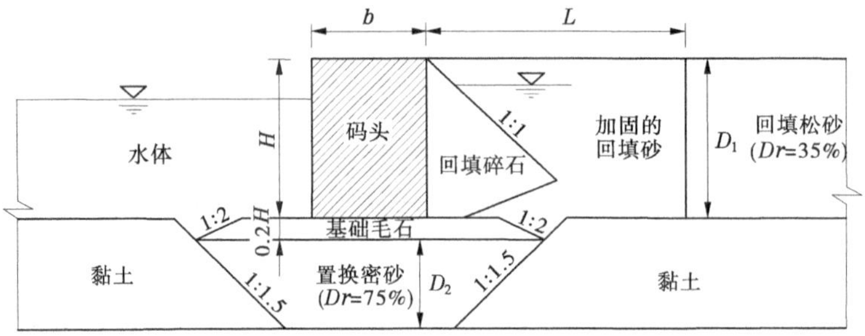

图 4-5　地震中重力码头系统分析的典型断面

震波幅值 a_{max} 为 0.2g，黏粒含量 F_c 取 5%，回填松砂初始标贯击数 N_0 取为 5，加固的回填砂标贯击数记为 N_1，置换密砂标贯击数记为 N_2，取为 20。初取 H 为 20 m；码头后回填砂土总长取 4b，地下水位取地表面以下 2 m 处；码头前水深取 0.8H，水体长取 3.5b。系统分析的典型断面有限元分析模型如图 4-6 所示。地震波采用 1995 年阪神地震中的水平与竖向的典型波形，如图 4-7 所示。

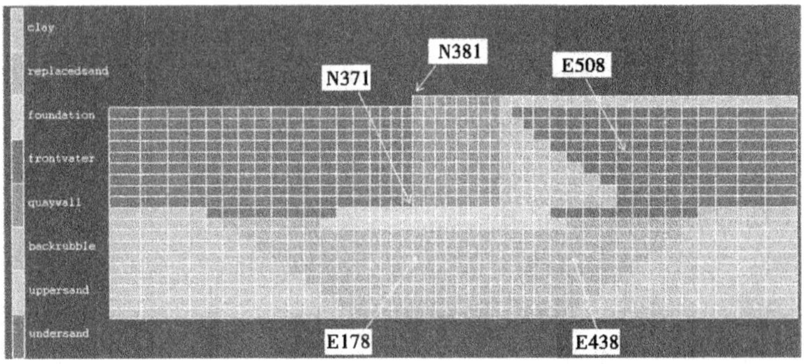

图 4-6　典型断面的有限元分析模型

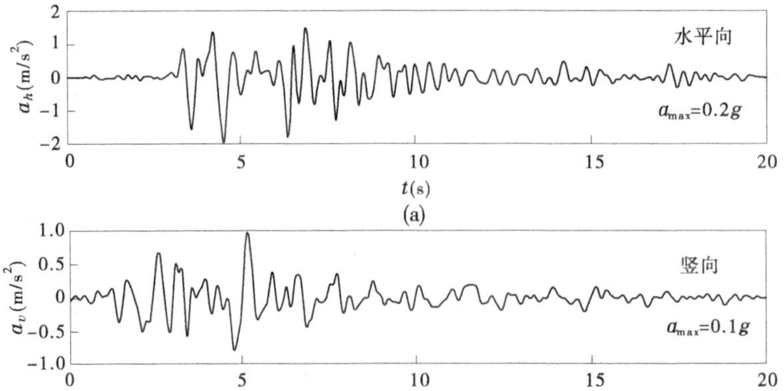

图 4-7　输入地震波形

土体采用多重剪切弹簧单元，材料特性参数见表 4-1。水位下的土采用有效密度进行计算，黏性土的黏聚力取 25 kPa，土单元的泊松比均取值为 0.33；初始平均有效围压应

表 4-1　土(多重剪切弹簧单元)的材料特性计算参数

土单元分类	密度 ρ(t/m^3)		剪切波速 V_s (m/s)	初始平均有效应力 σ'_{m0} (kPa)	初始剪切模量 G_{max} (MPa)	初始体积模量 K_{max} (MPa)	孔隙率 n	最大衰减因子 H_{max}	剪切摩擦角 φ'_f (°)	相变位角 φ'_p (°)	液化剪胀参数				
	静力分析	动力分析									s_1	w_1	p_1	p_2	c_1
黏性土(海边)	0.7	1.7	300	187.0	63.00	163.80	0.52	0.24	30.0	—	—	—	—	—	—
黏性土(陆地边)	0.7	1.7	300	402.0	63.00	163.80	0.52	0.24	30.0	—	—	—	—	—	—
置换砂(海边)	0.8	1.8	260	213.0	54.08	140.61	0.40	0.26	40.0	28.0	0.005	23.5	0.50	0.80	1.0
置换砂(陆地边)	0.8	1.8	260	384.0	54.08	140.61	0.40	0.26	40.0	28.0	0.005	23.5	0.50	0.80	1.0
基础毛石	1.0	2.0	300	98.0	90.00	234.00	0.35	0.20	45.0	—	—	—	—	—	—
回填碎石	1.0	2.0	200	98.0	40.00	104.00	0.35	0.20	45.0	—	—	—	—	—	—
回填砂土(水位下)	1.0	2.0	160	91.5	25.60	66.56	0.45	0.30	36.0	28.0	0.005	1.15	0.50	1.12	1.60
回填砂土(水位上)	1.8	1.8	105	13.5	19.85	51.60	0.45	0.30	36.0	28.0	0.005	1.15	0.50	1.12	1.60

力 σ'_{m0} 取为3/4倍的垂直向有效应力 σ'_v，即 $\sigma'_{m0}=\frac{3}{4}\sigma'_v$；初始剪切模量和初始体积模量按式(4-12)与式(4-13)计算；剪切模量和体积模量计算式程序中采用式(4-14)与式(4-15)，参数 m_G 和 m_K 取0.5；根据标准贯入击数 N 确定地基中回填砂的剪胀参数。

$$G_{\max}=\rho V_s^2 \tag{4-12}$$

$$K_{\max}=G_{\max}\frac{2(1+\nu)}{3(1-2v)} \tag{4-13}$$

$$G=G_{\max}\left(\frac{c\cdot\cot\varphi'_f-\sigma'_m}{c\cdot\cot\varphi'_f-\sigma'_{m0}}\right)^{m_G} \tag{4-14}$$

重力码头采用线性平面单元，材料特性参数如表4-2所示；流体单元模拟码头前水体；码头底面与基础块石以及码头背面与回填碎石之间的接触面单元模拟土与结构的相互作用，采用连接单元，示意图见图4-8，材料特性参数见表4-3；流体与构筑物连接面单元模拟流体与固体相互作用。在计算域两侧边界上，考虑半无限水平地层自由场的地震响应，通过黏性边界近似地入射到和反射出有限元计算域中。

$$K=K_{\max}\left(\frac{c\cdot\cot\varphi'_f-\sigma'_m}{c\cdot\cot\varphi'_f-\sigma'_{m0}}\right)^{m_K} \tag{4-15}$$

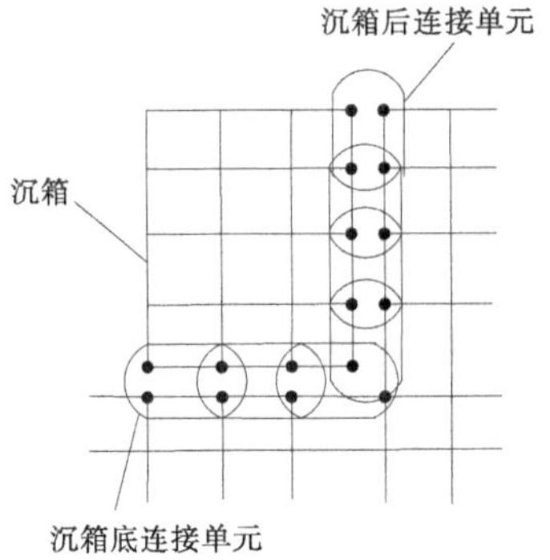

图4-8 接触连接单元示意

表4-2 重力码头(线性平面单元)的材料特性

<table>
<tr><td rowspan="3">材料名称</td><td colspan="4">密度 ρ (t/m³)</td><td rowspan="3">弹性模量
E (kN/m²)</td><td rowspan="3">泊松比 ν</td></tr>
<tr><td colspan="2">地下水位下</td><td colspan="2">地下水位上</td></tr>
<tr><td>静力分析</td><td>动力分析</td><td>静力分析</td><td>动力分析</td></tr>
<tr><td>重力码头</td><td>1.1</td><td>1.1</td><td>1.1</td><td>1.1</td><td>1.2×10⁷</td><td>0.2</td></tr>
</table>

表4-3 接触面(连接单元)的材料特性

材料名称	法向刚度 K_n (kN/m²)	剪切向刚度 K_s (kN/m²)	摩擦角 φ (°)
码头底面	1.0×10^7	1.0×10^6	31
码头背面	1.0×10^7	1.0×10^6	15

4.3.2　计算结果分析

4.3.2.1　残余变形

变形分析中取码头顶端点和底端点进行研究，分别对应于结点号 381 和 371，记为 N381 和 N371，探讨变形的内部机制时采用码头墙后回填砂土单元 508、码头基础下置换砂两单元 178 和 438 进行详细分析，分别记为 E178、E438 和 E508，标于图 4-6 中。

系统模型计算的残余变形结果如图 4-9 所示，码头产生了较大的残余变形，回填砂土和地基置换砂的上部也发生了一定的残余变形。N381 的水平变形 S_h 与竖向变形 S_v 分别为 1.7 m 和 0.8 m，N371 的水平变形与竖向变形分别为 0.9 m 和 0.8 m，码头倾斜角 θ 为 1.1°。图 4-10 为 N381 和 N371 的加速度、速度和变形的时程变化情况。两结点在竖向上各变量的时程变化一致；在水平向上，N381 的加速度和速度波动幅度要比 N371 的大，N381 的水平加速度 a_h 和竖向加速度 a_v 都在 5 s 左右达到峰值，分别为 3.25 m/s^2 和 1.25 m/s^2，与地基基底的水平和竖向加速度峰值 1.96 m/s^2 和 0.98 m/s^2 相比，反映了地震波速向上传播的放大效应，但水平加速度峰值发生时刻稍滞后于基底水平加速度峰值，而竖向加速度峰值发生时刻稍提前于基底竖向加速度峰值；水平变形 S_h 在 5 s 左右才开始显著地增加，最后 N381 的残余水平变形比 N371 的残余水平变形增大了 89%。

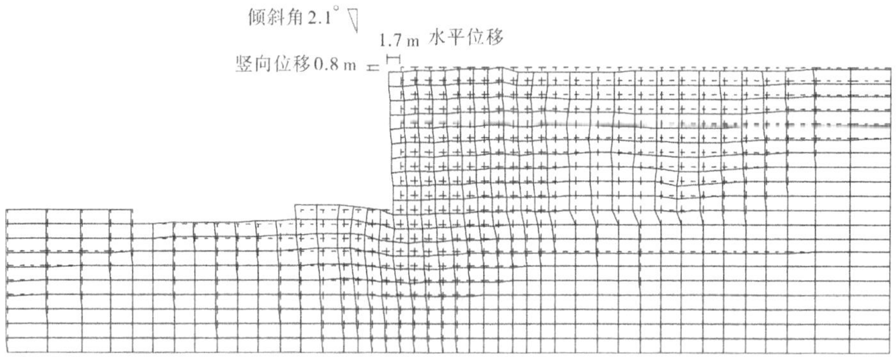

图 4-9　残余变形分布

4.3.2.2　变形机制

图 4-11 为系统模型的回填砂土与地基置换砂地震动结束时刻的超静孔隙水压力比（$1-\sigma'_m/\sigma'_{m0}$，σ'_m 代表当前的平均有效应力）等值线分布情况。从图中可见，回填砂土的孔隙水压力比发展水平较高，平均在 0.9 左右，而置换砂的发展水平相对较低，平均在 0.5 左右，故引起了码头产生较大的侧向残余变形和相对较小的竖向变形。图 4-12 为三个单元的超静孔隙水压力比时程变化情况，很显然，码头后的回填砂单元 E508 发展水平较高，在 5 s 左右迅速发展到较高的水平，5 s 之后超静孔隙水压力比数值基本维持在 0.86 左右；而置换砂单元 E178 和 E438 的发展水平较低，由于 E438 所处的位置初始有效应力较大，孔隙水压力比发展水平随着时程一直比较稳定，没有明显的上升趋势，数值稳定在 0.2 左右；置换砂单元 E178 的孔隙水压力比在 10 s 之前发展水平低，10 s 之后迅速上升，数值在 0.1 ~0.6 变化，原因可能是该单元处于码头和水体的交界处，地震过程中，

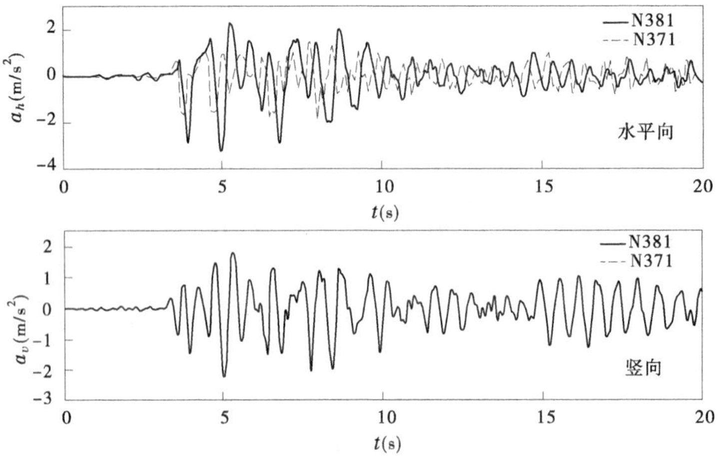

(a)加速度时程

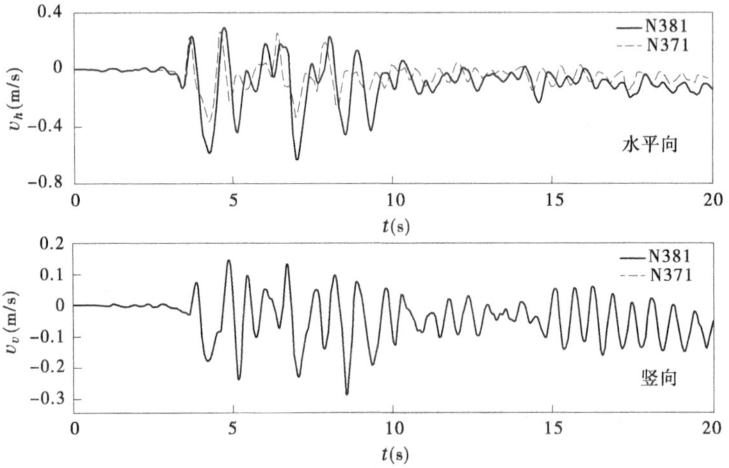

(b)速度时程

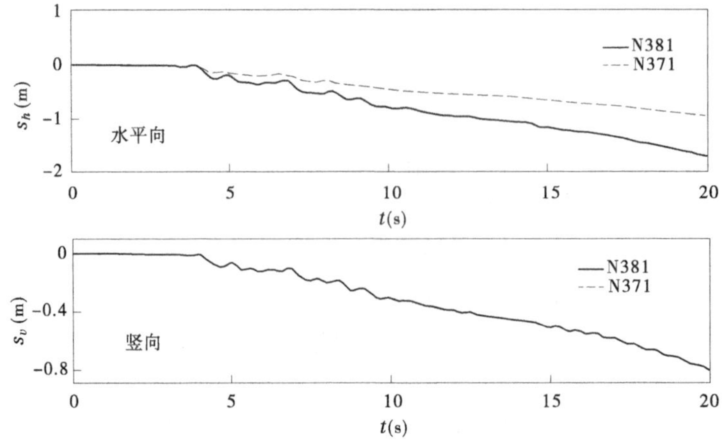

(c)变形时程

图 4-10　加速度、速度和变形时程分布

码头逐步向外运动,土单元主应力轴会因为上面的应力状态变化而发生旋转,主应力方向发生变化,如下面应力路径分析,有效应力和剪应力大幅度下降,促使土单元产生逐渐升高的超静孔隙水压力比。

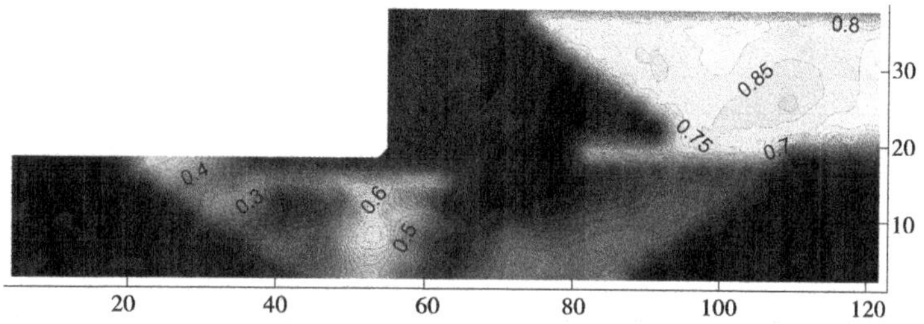

图 4-11　超静孔隙水压力比等值线分布

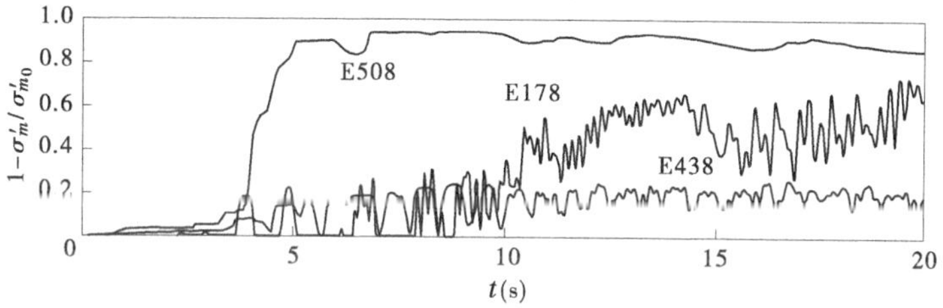

图 4-12　超静孔隙水压力比时程分布

图 4-13 为三个单元计算的有效应力路径,从图中可以看出,不同的位置处初始有效应力和剪应力不同而导致地震过程中三个单元产生不同的应力路径。E178 的初始有效应力和剪应力大小分别为 -152 kPa 和 76 kPa,地震动结束后分别为 -50 kPa 和 30 kPa,初始剪应力相对较大,但由于单元所处的位置特殊,处于码头和水体的交界处,地震过程中码头运动对其影响较大,土单元主应力轴易旋转,应力状态变化,平均有效应力大幅度下降,产生了一定的孔隙水压力;E438 的初始有效应力 σ'_{m0} 和剪应力 τ 大小分别为 -168 kPa 和 68 kPa,地震动结束后有效应力 σ'_m 和剪应力 τ 分别为 -133 kPa 和 66 kPa,震前震后的剪应力数值相近,有效应力变化也不明显,表明初始剪应力较大使得孔隙水压力发展水平较低,土单元应力状态难以有较大的改变,致使应力路径一直未有较大的变化,只在破坏线附近摆动;E508 的初始有效应力和剪应力大小分别为 -56 kPa 和 22 kPa,地震结束后分别为 -8 kPa 和 4 kPa,显然,初始应力较小,单元超静孔隙水压力发展水平较高,土单元达到了液化,使得有效应力和剪应力迅速降低接近于 0。

图 4-14 为三个单元计算的动剪应力 τ_{xy} 与动剪应变 γ_{xy} 之间的关系,从图中可以看出,不同位置处动剪应力不同而导致地震过程中三个单元产生不同的动剪应变。E178 的初始动剪应力大小为 -50 kPa,地震动结束后为 -24 kPa,产生的动剪应变为 11.5%,该计算结果表明虽然初始动剪应力较大,但是单元处于码头和水体的交界处,码头向外运动影响土单元的应力状态和大小,主应力轴很容易发生旋转变化,地震过程中孔隙水压力具有一定的发展水平,促使土单元软化,且地震过程中动剪应力基本趋向于减小,故该土单元易于产生较大的动剪应变,动剪应变的计算结果表明该土单元早已达到了破坏;E438

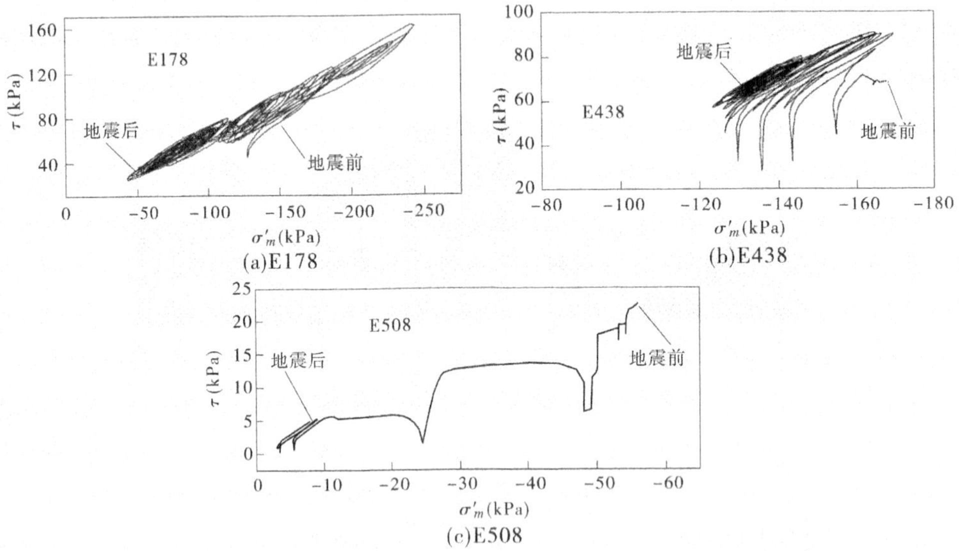

(a)E178　　(b)E438　　(c)E508

图 4-13　计算的有效应力路径

的初始动剪应力大小为 -14 kPa,地震动结束后为 -44 kPa,产生的动剪应变为 0.7%,地震过程中动剪应力基本趋向于增大,致使土单元很难再发生剪切变形,如上述中孔隙水压力发展水平很低,土单元没有软化的条件,故几乎不产生剪应变; E508 的初始动剪应力大小为 -0.7 kPa,地震动结束后为 -4 kPa,产生的动剪应变为 4%,显然,初始动剪应力很小,土单元很容易在地震过程中发生剪切变形,如上分析地震过程中超静孔隙水压力发展水平也很高,有效应力和剪应力接近于 0,土单元达到了液化,软化的土单元产生了较大的剪切变形。

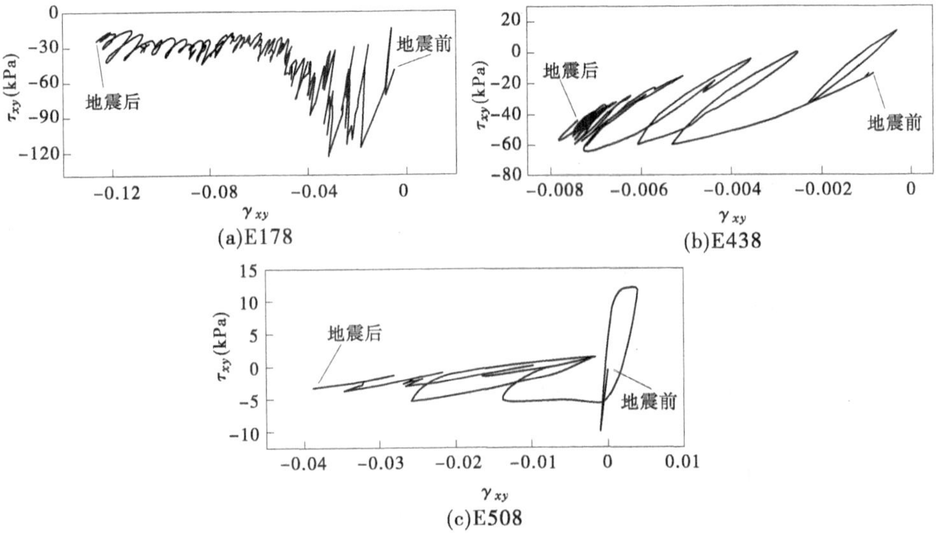

(a)E178　　(b)E438　　(c)E508

图 4-14　计算的动剪应力与剪应变之间的关系

4.4　残余变形的影响因素研究

下面对影响码头残余变形的具体因素进行详细的探讨，影响因素的选取以及参数的变化见表4-4。基本思路是：采用上面算例计算的工况作为基本参数：码头宽高比 b/H 为0.8，回填砂深度与码头高度比 D_1/H 取1.0，黏粒含量 F_c 为5%，回填砂加固长度与码头高度比 L/H 为0，回填松砂标贯击数 N_0 为5，加固的回填砂标贯击数记为 N_1，置换砂处理深度与码头高度比 D_2/H 为1.0，置换密砂标贯击数 N_2 为20，然后对任意两个参数按表4-4中的数值进行变化，计算与分析不同影响参数对码头残余变形的影响。

表4-4　计算工况

参数	编号				
	①	②	③	④	⑤
a_{hmax}	$0.1g$	$0.2g$	$0.3g$	$0.4g$	$0.6g$
a_{vmax}	0	0.5 a_{hmax}	1.0 a_{hmax}	—	—
D_2/H	0	0.5	1.0	—	—
L/H	0	1.05	1.5	1.0	—
N	5	10	15	20	25
b/H	0.5	0.8	12	—	—
γ	19	23	25	—	—
h_{wd}/H	0	0.4	0.8	1.0	—
h_{wu}/H	0	0.4	0.8	1.0	—

4.4.1　水平加速度幅值的影响

记水平加速度系数 $k_h = a_{max}/g$，基本计算工况为：$b/H = 0.8$，$L/H = 0$ 和 1.0，$D_2/H = 1.0$，$k_v = 0.5k_h$，$\gamma = 22\ \mathrm{kN/m^3}$，$h_{wd}/H = 0.8$，$h_{wu}/H = 0.8$。图4-15为置换砂不同等效标贯击数下，码头顶点N381的水平与竖向残余变形随着水平加速度输入水平变化的情况。

从计算结果看出，水平加速度输入水平提高，码头地震残余变形显著增大，水平残余滑动变形和竖向残余沉降的变化规律基本一致，但数值一般是竖向残余沉降的2～4倍，置换砂密实度较大时，残余变形随着水平输入加速度水平的升高呈线性增加；比较图4-15(a)、(b)与(c)、(d)，显示回填砂的等效标贯击数 N_1 取不同数值时，残余变形随着水平加速度输入水平的增加变化规律基本一样，只是当 N_1 为15，N_2 取5时的残余变形数值减小了很多；置换砂等效标贯击数 N_2 除了5外，取其他不同数值时残余变形变化规律基本一致，k_h 从0.1增大到0.6时，残余变形要增大1.5倍，N_2 为5时，随着水平地震水平的增加，残余变形增加较缓，但整体变形相对较大。这些计算结果反映出来的规律表明：码头

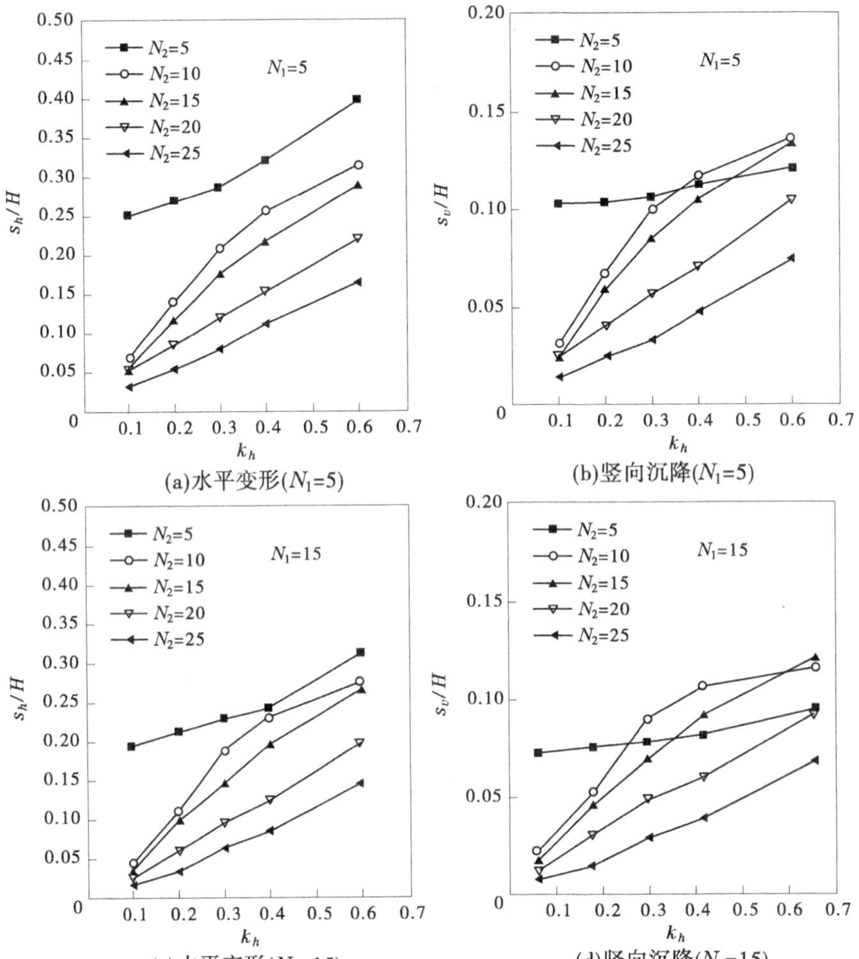

(a)水平变形(N_1=5)　(b)竖向沉降(N_1=5)

(c)水平变形(N_1=15)　(d)竖向沉降(N_1=15)

图 4-15　水平地震动加速度幅值影响的残余水平变形与竖向沉降

底下的置换砂很疏松时，即使低水平的地震动也会造成很严重的地震破坏，但若码头墙后回填砂土较密实，可大大降低码头的残余变形；当置换砂较密实时，墙后回填砂土密实度的增加对码头残余变形的减小功效较小。

图 4-16 为置换砂在不同等效标贯击数下，码头的残余旋转角变形随着水平加速度输入水平变化的情况，从图中可以看出残余角变形变化规律与水平滑动变形、竖向沉降变化规律基本一致，随着加速度水平提高，残余角变形显著增大；也是只有 N_2 取 5 时较特殊，变化规律与其他不一样，也与自身的水平变化和竖向沉降规律不一样，随着水平加速度水平的提高而逐渐减小，N_1 为 15 时，角变形减小得更快。计算结果表明置换砂土太疏松时，强地震下码头只是产生很大的残余水平变形和竖向沉降，残余角变形却很小，而回填砂土密实度的增加有利于减小角变形。

图 4-17 和图 4-18 为回填砂在不同等效标贯击数下，码头顶点 N381 的水平滑动、竖

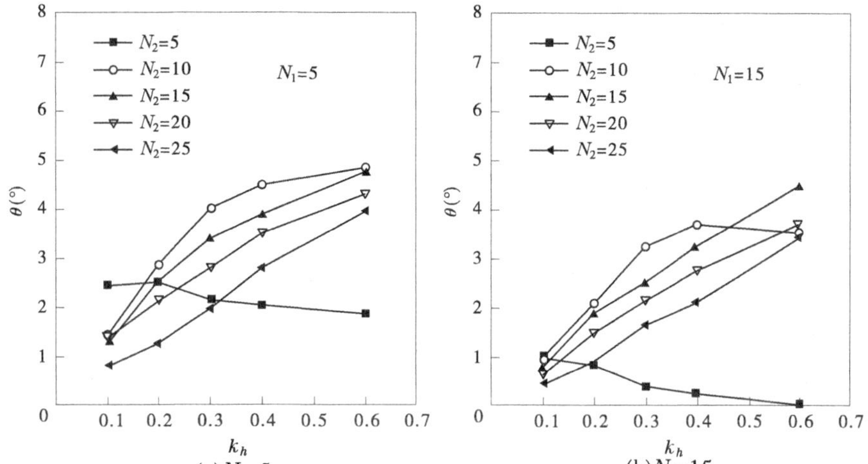

(a)N_1=5　(b)N_1=15

图 4-16　水平地震动加速度幅值影响的残余角变形

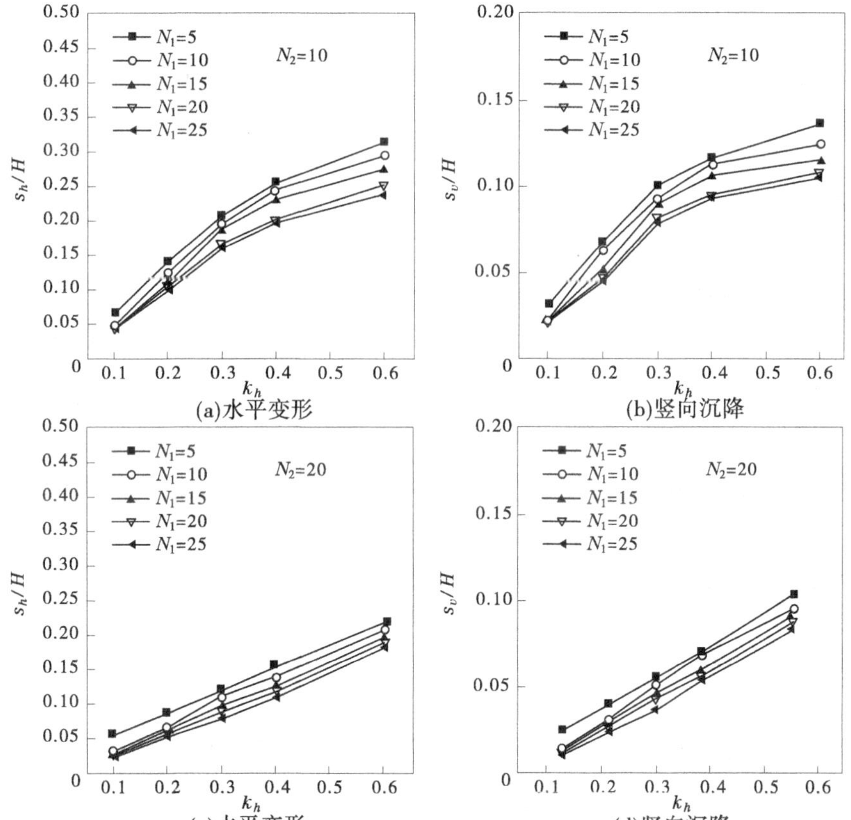

(a)水平变形　(b)竖向沉降

(c)水平变形　(d)竖向沉降

图 4-17　水平地震动加速度幅值影响的残余水平与竖向变形

向沉降残余变形和残余角变形随着水平加速度输入水平而变化的情况。同上面的规律一样，随着地震动水平输入水平的升高，残余变形显著增大；当置换砂较密实时，残余变形随着地震动水平输入加速度的升高呈线性增加；置换砂较疏松时，强地震动下，码头残余变形的增加幅度有所减小。整体而言,水平地震动输入水平是一个影响码头地震残余变形较敏感的因素。

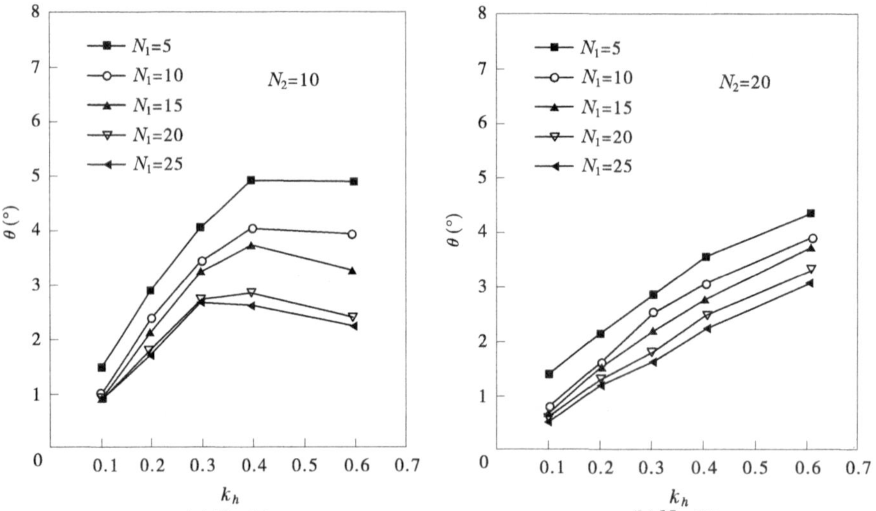

(a)N_2=10　　(b)N_2=20

图 4-18　水平地震动加速度幅值影响的残余角变形

为探讨码头地震残余变形受水平地震动幅度影响的具体物理机制,可通过码头墙后回填砂及其地基下的置换砂的孔隙水压力发展水平进行分析。由 4.3.2.2 节变形机制分析可知:单元 E178 所处的位置较特殊,影响因素很多,导致土单元产生变形的物理机制较复杂;单元 E508 所处的位置上覆压力较小,在不同的地震水平下液化度很容易升高,难用于分析问题;与 E178 和 E508 两单元相比,E438 受影响和干扰的因素相对较少,而且上覆压力较大,相对难以液化,它的超静孔隙水压力比发展水平较能清晰地解释码头在不同情况下的变形机制。图 4-19 给出了 $N_1=15$、$N_2=15$ 时 E438 的超静孔隙水压力比发展水平的时程变化曲线,图 4-20 为码头结点 N381 的地震变形随着时程变化的曲线;显然,水平地震动水平越高,土单元 E438 产生的超静孔隙水压力比越大,由此推出其他两单元的孔隙水压力发展水平非常高,两土单元早就液化,产生了较大的剪切变形,达到了破坏,导致码头的变形也随着水平地震动水平的升高而逐渐变大。

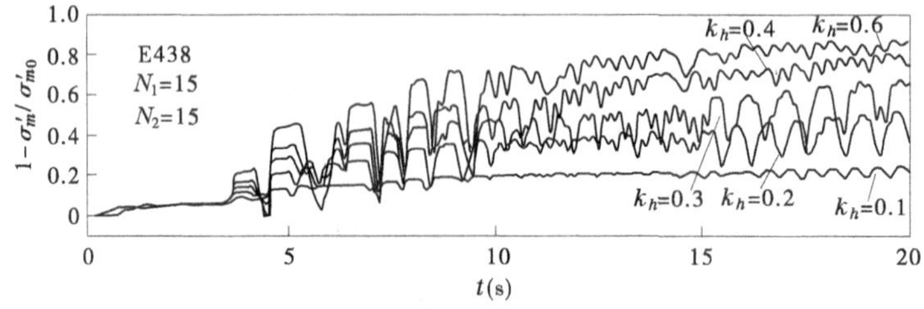

图 4-19　土单元 E438 的超静孔隙水压力比时程变化曲线

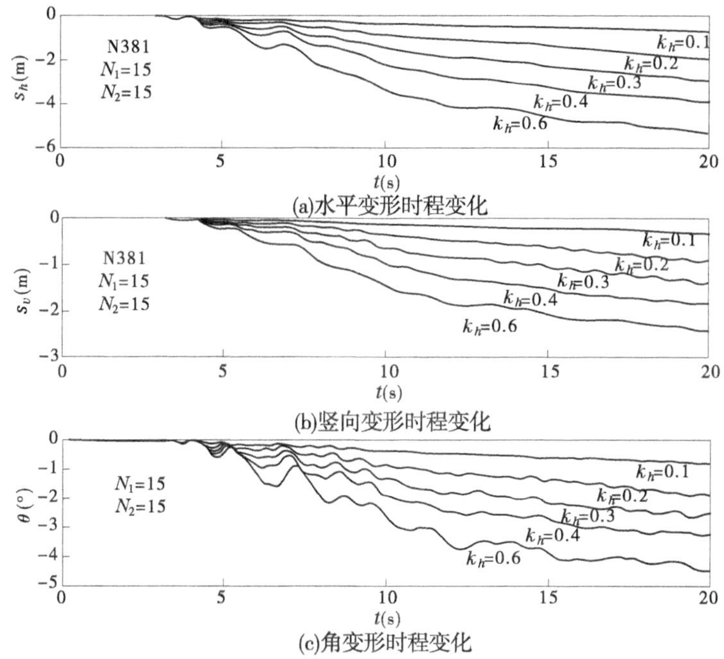

图 4-20　不同水平输入加速度下的码头变形时程变化曲线

4.4.2　竖向加速度幅值的影响

基本计算工况：$b/H = 0.8$，$L/H = 0$，$D_2/H = 1.0$，$k_v = 0.5k_h$，$\gamma = 22\ \text{kN/m}^3$，$h_{wd}/H = 0.8$，$h_{wu}/H = 0.8$。图 4-21 为不同水平地震动输入水平下，码头顶点 N381 的水平与竖向残余变形随着竖向加速度输入水平变化的情况；图 4-22 为不同水平地震动输入水平下，码头残余角变形随着竖向加速度输入水平变化的情况。从计算结果看出，竖向加速度输入水平从 0 提高到 $0.5k_h$ 时，码头地震残余变形增大较显著，但从 $0.5k_h$ 增大到 k_h 时，残余变形增加较少；水平残余滑动变形、竖向残余沉降和角变形随着竖向地震动幅度的变化规律都一致，水平残余变形约是竖向残余沉降的 2 倍；图 4-21(a)、(b)与(c)、(d)显示置换砂密实度改变不影响残余变形的变化规律，与前面一致，只是较密实时残余变形数值变得小些。计算结果表明：计入竖向地震动水平，码头残余变形的数值会变得较大，但当计入的竖向地震动水平变得很大时，码头残余变形的增加却变得很小。

图 4-23 给出了 $N_2 = 20$、$k_h = 0.4$ 时 E438 的超静孔隙水压力比在不同竖向地震系数下的时程变化曲线，图 4-24 为码头结点 N381 的地震变形随着时程变化的曲线。从图中可以看出，竖向地震动水平从 0 抬高到 $0.5k_h$ 时，土单元 E438 产生的超静孔隙水压力比升高，码头产生的变形较大，但再抬高到 k_h 时，孔隙水压力比没有显著升高，码头的变形增加得也较小。

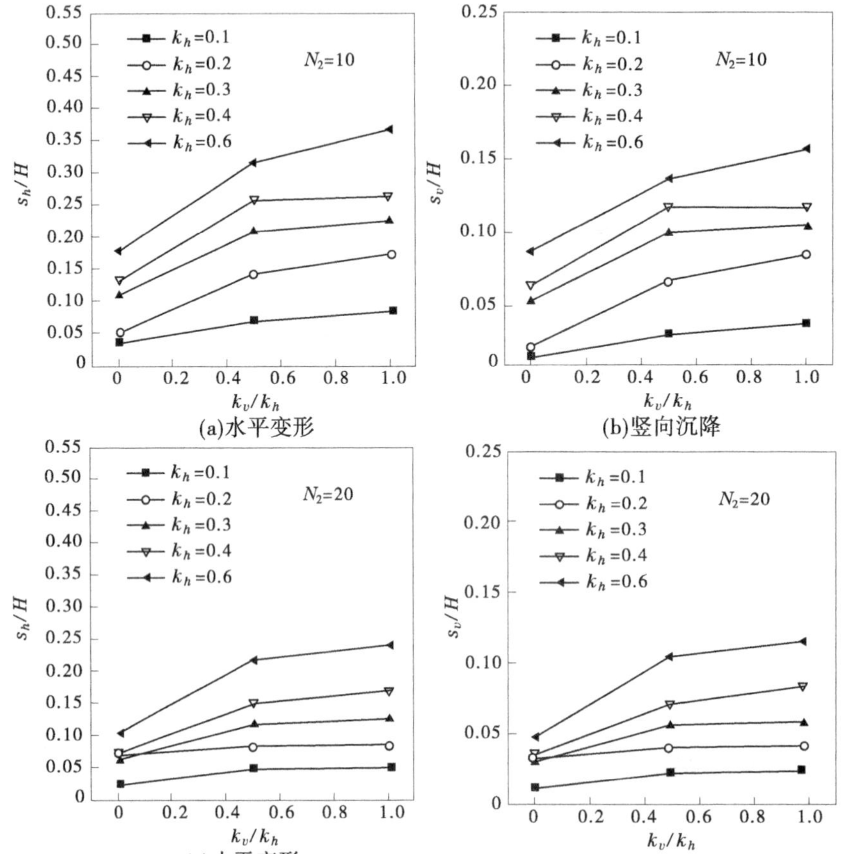

(a)水平变形　　(b)竖向沉降

(c)水平变形　　(d)竖向沉降

图 4-21　竖向地震动加速度影响的残余水平变形与竖向沉降

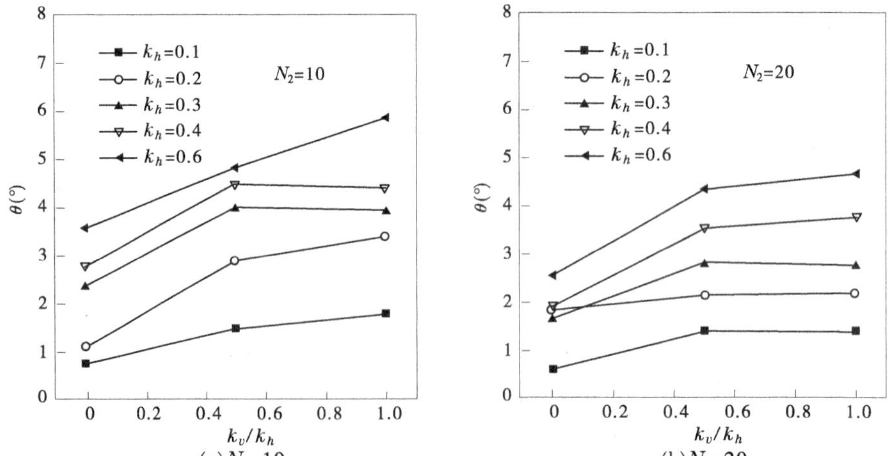

(a)N_2=10　　(b)N_2=20

图 4-22　竖向地震动加速度影响的残余角变形

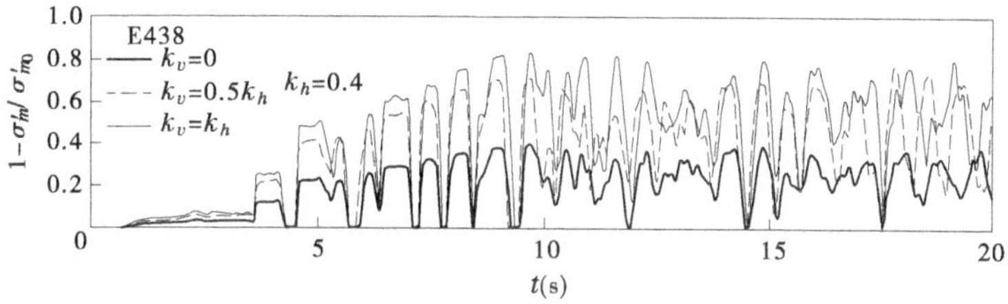

图 4-23　单元 E438 的超静孔隙水压力比时程变化曲线

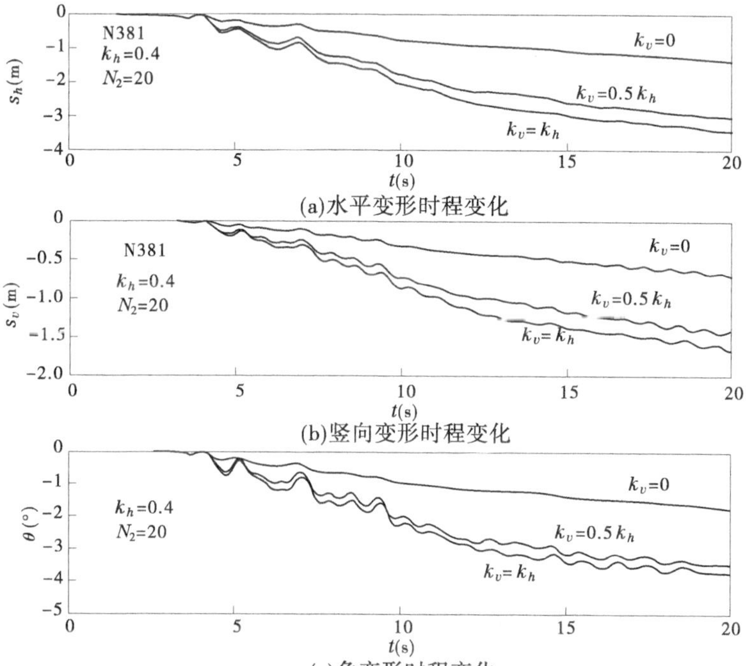

(a)水平变形时程变化

(b)竖向变形时程变化

(c)角变形时程变化

图 4-24　不同竖向输入加速度下的码头变形时程变化曲线

4.4.3　标贯击数的影响

基本计算工况：$b/H = 0.8$，$L/H = 1.0$，$D_2/H = 1.0$，$k_v = 0.5k_h$，$\gamma = 22\ \text{kN/m}^3$，$h_{wd}/H = 0.8$，$h_{wu}/H = 0.8$。图 4-25 为不同水平地震动输入水平下，码头顶点 N381 的水平与竖向残余变形随着回填砂标贯击数变化的情况，图 4-26 为码头残余角变形随着回填砂标贯击数变化的情况。从计算结果看出，回填砂标贯击数的变化对码头地震残余变形的影响不是很显著，水平残余滑动变形、竖向残余沉降和角变形随着回填砂标贯击数的变化规律都一致，水平残余变形是竖向残余沉降的 2 倍左右；在不同水平地震系数下，残余变形随着标贯击数的增加逐渐减小，但减小的趋势很缓慢，当置换砂密实度增加时，残余变形随着回填砂标贯击数的增加而减小得更缓慢；只有在 $N_2=10$、$k_h=0.6$ 的情况下，码头的角变形随着回填砂土的标贯击数的增加显著减小，结果与前面分析一样，表明当码头底部置换砂较疏松时，强地震动下码头会产生较大的残余滑动变形与竖向变形，而角变形变得较小。

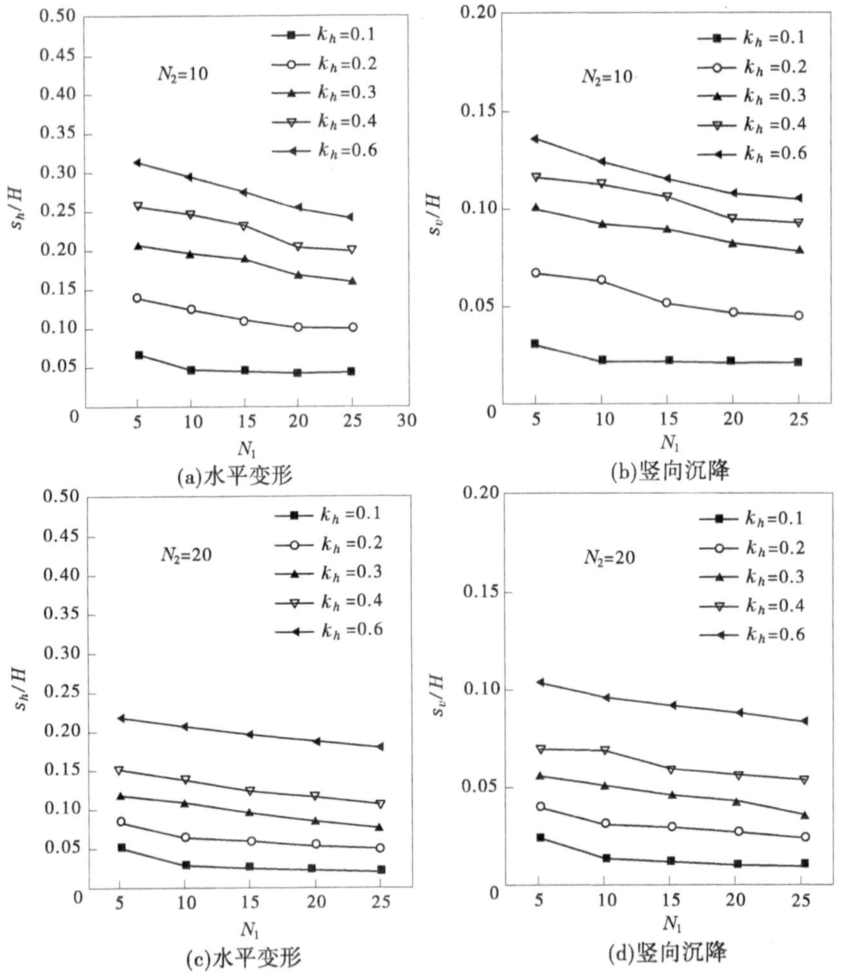

图 4-25　回填砂标贯击数影响下的残余水平与竖向变形

图 4-27 为不同水平地震动输入水平下，码头顶点 N381 的水平与竖向残余变形随置换砂标贯击数变化的情况；图 4-28 为不同水平地震动输入水平下，码头残余角变形随着置换砂标贯击数变化的分布图。从计算结果看出，置换砂标贯击数的变化对码头地震残余变形的影响显著，水平残余变形、竖向沉降和角变形随着置换砂标贯击数的变化规律不一致；水平残余变形随置换砂标贯击数的增加而逐渐减小；而竖向沉降和角变形在地震动水平较低时随置换砂标贯击数的增加逐渐减小，在地震动水平很高时随置换砂标贯击数的增加先逐渐增加而后逐渐减小，回填砂密实度的增加没有改变其变化规律。

图 4-29 给出了 $N_1=15$、$k_h=0.4$ 时的 E438 超静孔隙水压力比在置换砂不同标贯击

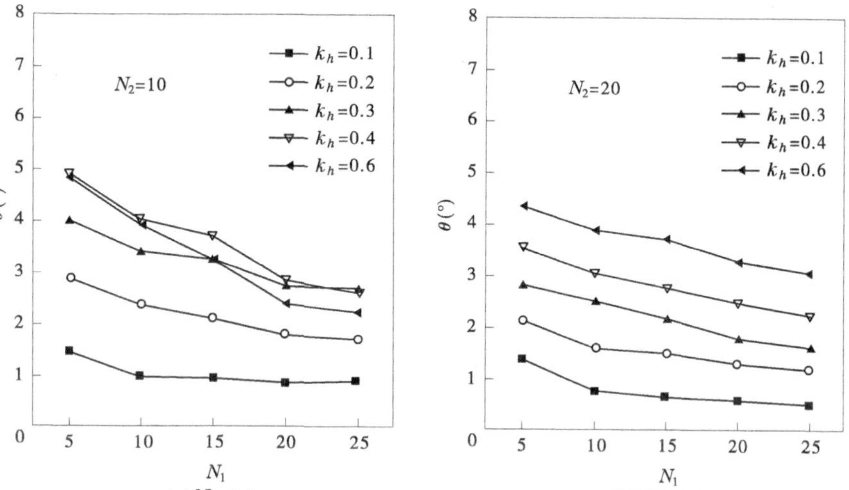

(a)N_2=10　　(b)N_2=20

图 4-26　回填砂标贯击数影响下的残余角变形

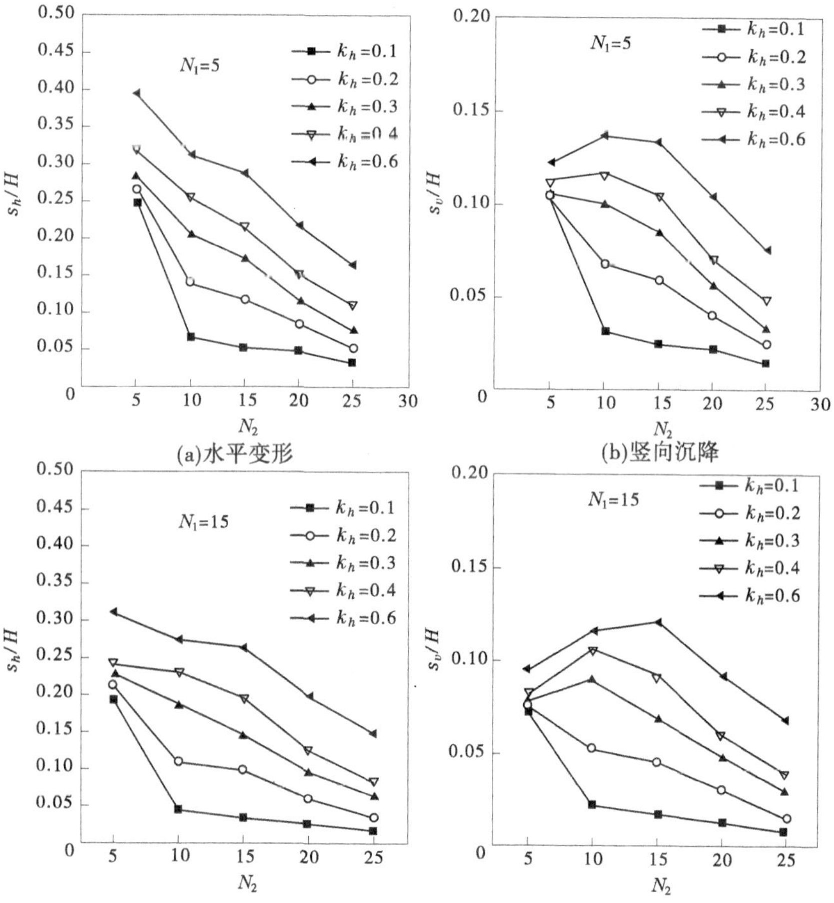

(c)水平变形　　(d)竖向沉降

图 4-27　置换砂标贯击数影响下的残余水平与竖向变形

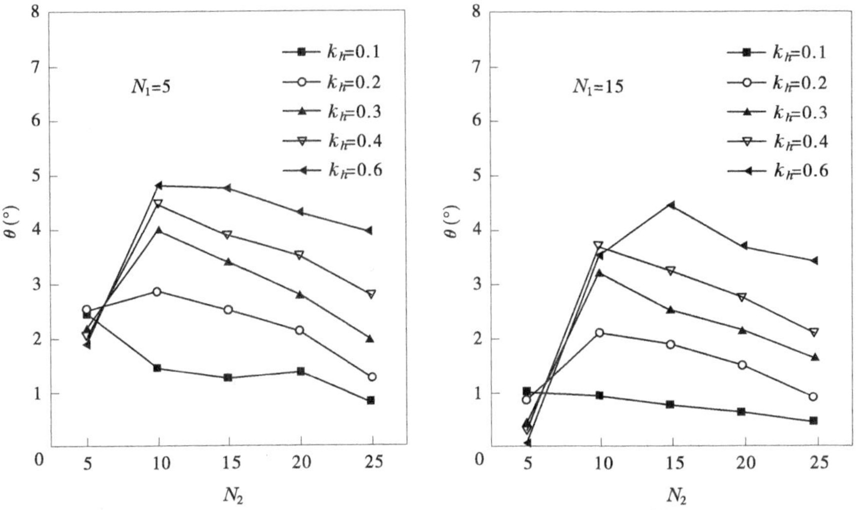

图 4-28　置换砂标贯击数影响下的残余角变形

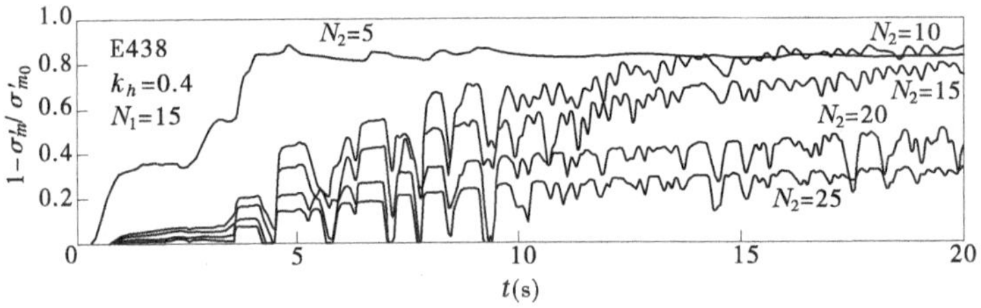

图 4-29　单元 E438 的超静孔隙水压力比时程分布

数下的时程曲线，图 4-30 为码头结点 N381 的地震变形随着时程变化的曲线。从图中可以看出，置换砂标贯击数越大，土单元的超静孔隙水压力比发展水平越低，只有 $N_2=5$ 时较特殊点，最后的孔压比要比 $N_2=10$ 时略小一点，但整个时程的孔压发展水平一直很高；变形随着时程逐渐增加，$N_2=5$ 时与其他标贯击数有所不同，水平变形变化规律与其他基本一致，但它的竖向沉降和角变形变得特殊，尤其是角变形，随着时程产生了很小的角变形，也说明了回填砂土是影响码头水平变形的主要变化规律。

4.4.4　码头宽高比的影响

基本计算工况：$L/H=1.0$，$N_1=5$，$N_2=20$，$k_v=0.5k_h$，$\gamma=22\ \mathrm{kN/m^3}$，$h_{wd}/H=0.8$，$h_{wu}/H=0.8$。图 4-31 为不同水平地震动输入水平下，码头顶点 N381 的水平与竖向残余变形随着码头宽高比变化的情况，图 4-32 为码头残余角变形随着码头宽高比变化的分布情况。

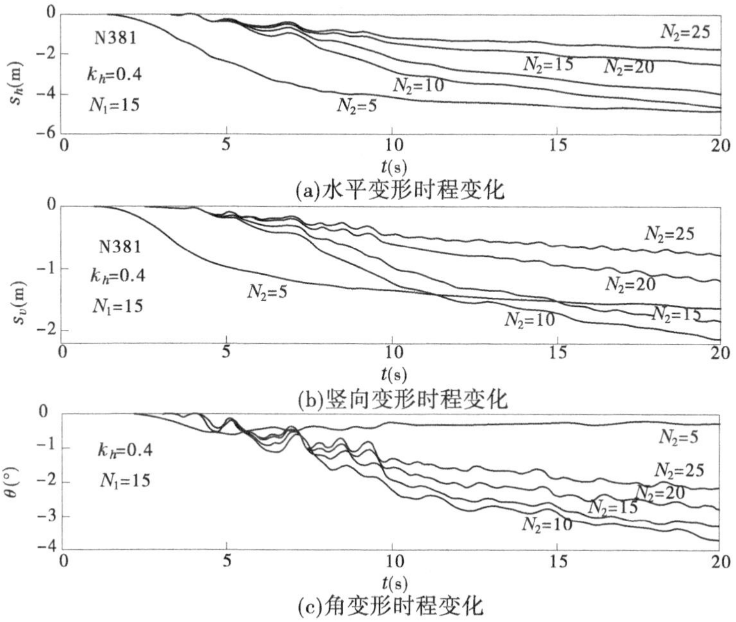

图 4-30　置换砂标贯击数影响下的码头变形时程变化曲线

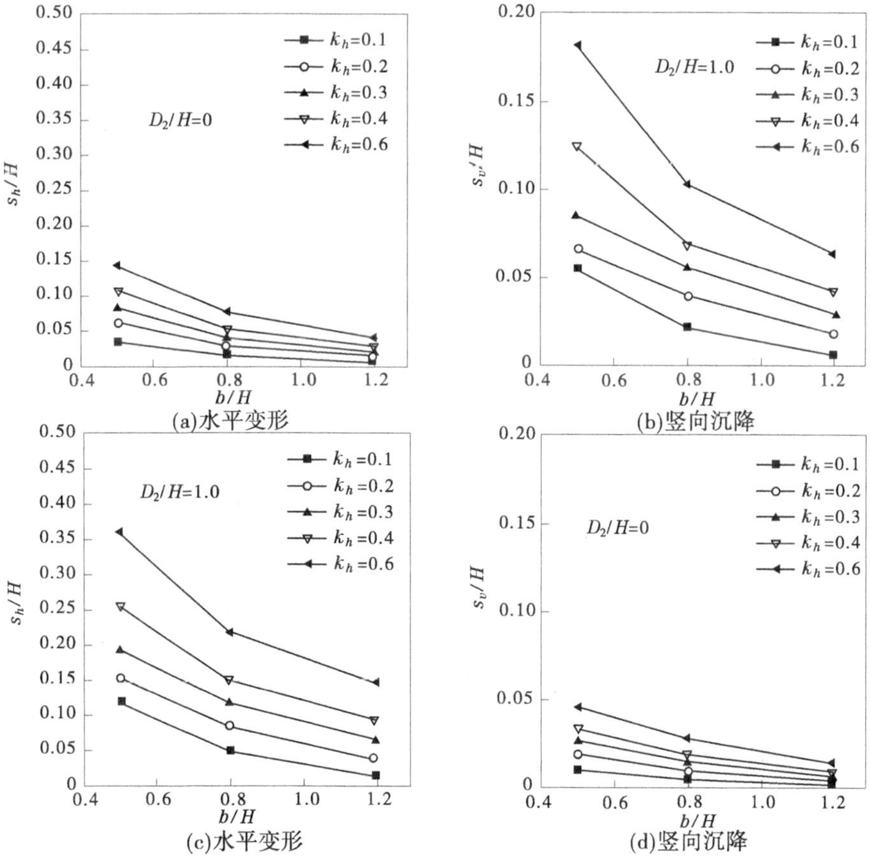

图 4-31　码头宽高比影响下的残余水平与竖向变形

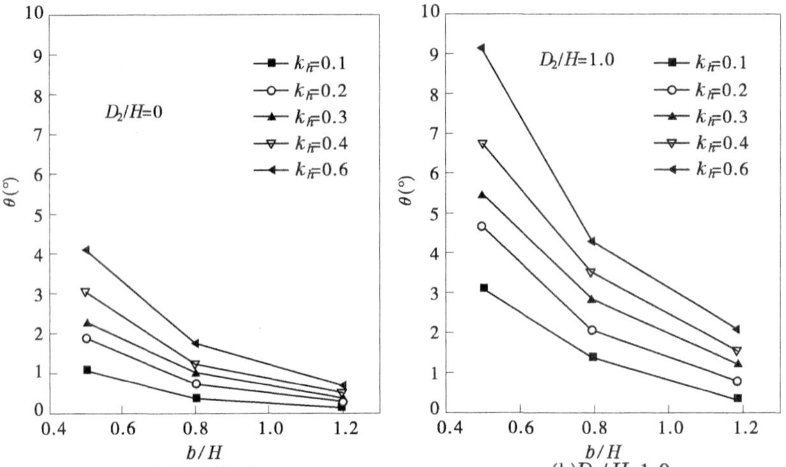

(a)D_2/H=0　　(b)D_2/H=1.0

图 4-32　码头宽高比影响下的残余角变形

从这些图可看出,若码头底没有置换砂,即 $D_2/H=0$ 时,码头地震残余变形很小,且码头的宽高比对码头地震残余变形的影响不是很显著,当 b/H 从 0.8 增大到 1.2 时,残余变形减小的效果较低;但当置换砂加深时,即 $D_2/H=1.0$ 时,码头残余变形较大,是 $D_2/H=0$时的 1.4 倍,且码头的宽高比对码头地震残余变形具有显著的影响,随着码头宽高比的增大,残余变形以较大的幅度降低;水平残余滑动变形、竖向残余沉降以及角变形随着码头宽高比变化的规律都一致,水平残余变形一般是残余沉降的 2~3 倍。

图 4-33 给出了 E438 在 $D_2/H=1.0$、$k_h=0.4$ 时的超静孔隙水压力比在码头不同宽高比下的时程曲线,图 4-34 为码头结点 N381 的地震变形随着时程变化的曲线分布。由图可见,三种残余变形随着时程变化规律一致,随着时程逐渐增大;码头宽高比变大时,土单元的超静孔隙水压力比发展水平有所减小,但码头的残余变形降低得较多;当宽高比增大到较大时,残余变形降低的幅度有所减小。计算结果表明:当置换砂厚度较大时,码头的宽高比是影响地震残余变形的敏感因素。

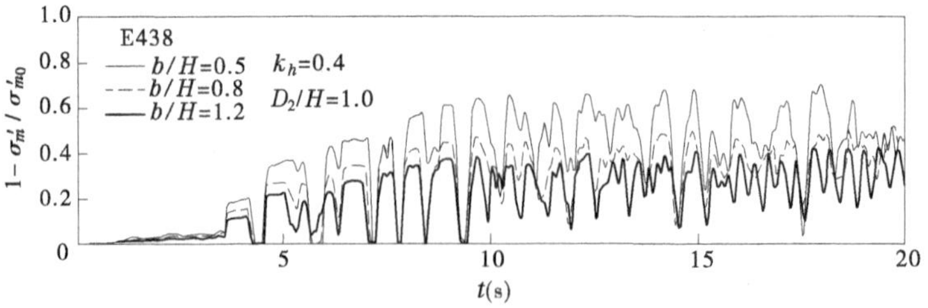

图 4-33　单元 E438 的超静孔隙水压力比时程分布

4.4.5　回填砂加固范围的影响

将回填砂土的厚度视为与码头同高,加固范围指的是回填砂的加固长度,基本计算工况:$b/H=0.8$,$D_2/H=1.0$,$N_2=20$,$k_v=0.5k_h$,$\gamma=22\ \mathrm{kN/m^3}$,$h_{wd}/H=0.8$,$h_{wu}/H=0.8$。图 4-35 为不同水平地震动输入水平下,码头顶点 N381 的水平与竖向残余变形随着

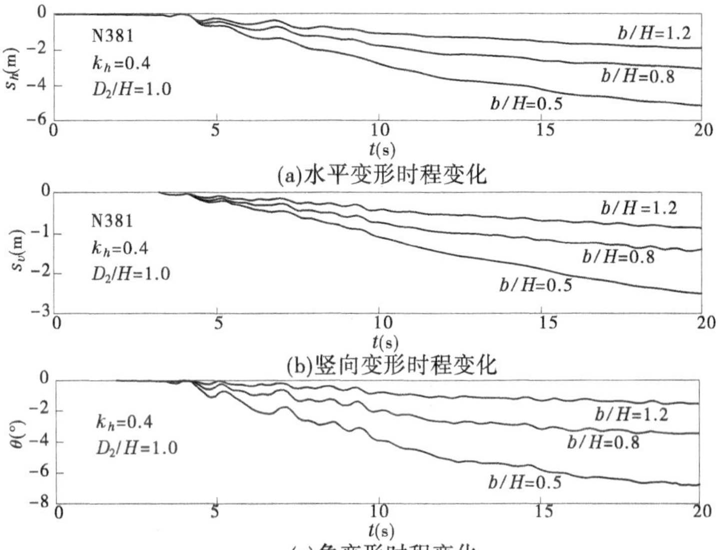

(a)水平变形时程变化

(b)竖向变形时程变化

(c)角变形时程变化

图4-34 码头不同宽高比下的变形时程变化曲线

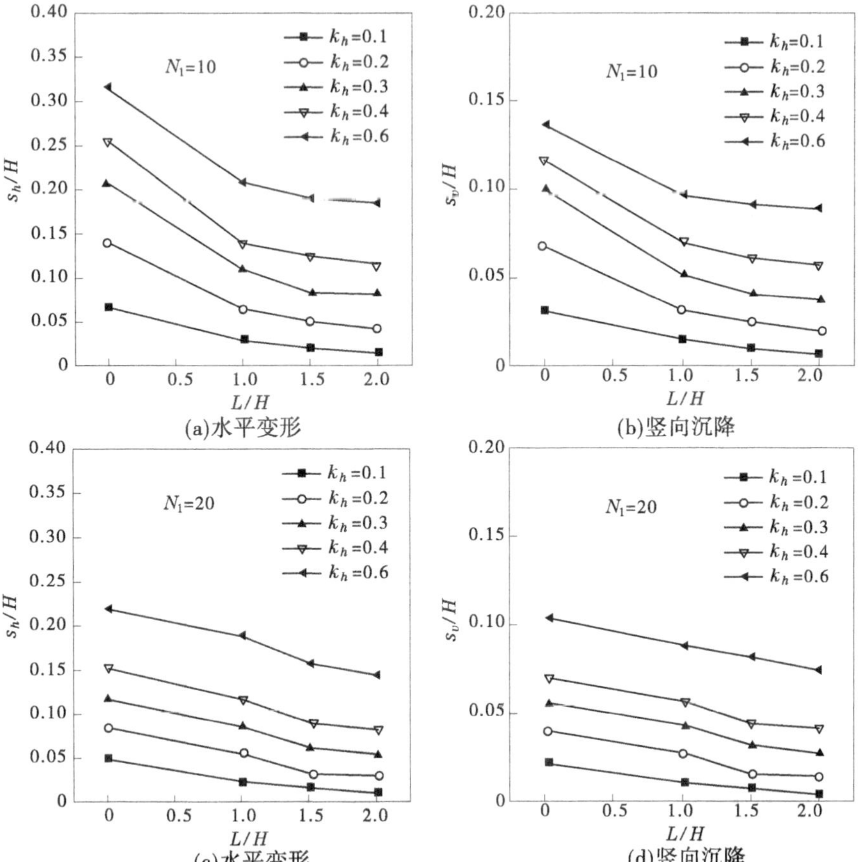

(a)水平变形

(b)竖向沉降

(c)水平变形

(d)竖向沉降

图4-35 回填砂土加固范围影响的残余水平与竖向变形(宽高比为0.8)

回填砂加固长度变化的分布情况，图 4-36 为码头残余角变形随着回填砂加固长度变化的分布情况。由这些图可见，随着回填砂加固范围的增加，码头的残余变形逐渐减小，从 0 增加到 1.0H 时，残余水平和竖向变形显著减小，残余角变形减小的幅度则较小，但加固长度从 1.0H 再增加时，残余变形的降低都变得不太明显；当回填砂加固的密实度提高时，如图中的 $N_1=20$ 的计算情况，残余变形数值减小了很多，但加固长度从 0 增加到 1.0H 时，残余水平和竖向变形减小的幅度变小，而残余角变形却明显地减小，再从 1.0H 增加时，残余变形的降低都变得不太明显。计算结果表明回填砂的密实度提高有利于降低码头地震残余角变形，且加固范围存在有效的合理范围。

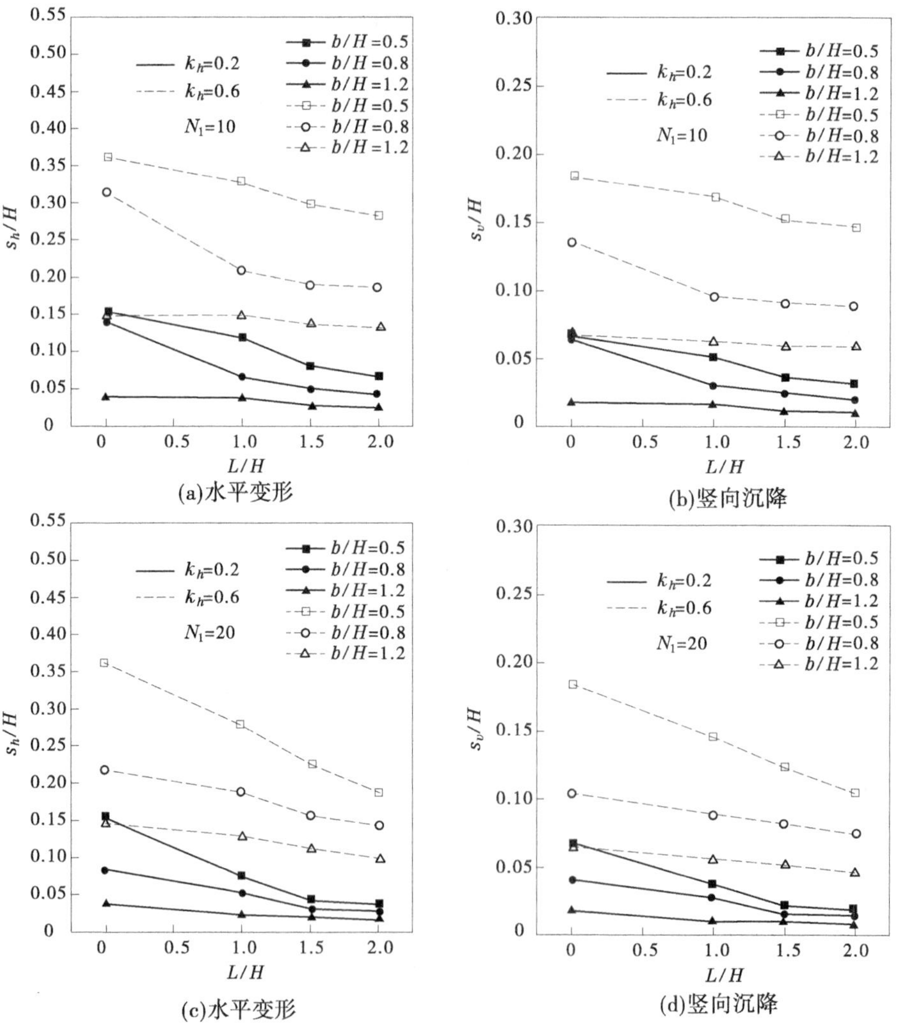

图 4-36　回填砂土加固范围影响下的残余水平与竖向变形

图 4-37 为码头不同高宽比下的码头顶点 N381 的水平与竖向残余变形随着回填砂加固长度的增加而变化的情况。从图中看出，不同宽高比下的码头地震残余变形随着回填加固范围变化的规律基本一致；不同高宽比下，当回填砂密实度提高时，残余变形随着回填砂加固长度的增加而明显减小，但加固范围继续增加时变形减小不明显，说明了加固长

度存在一个合理有效的范围；且宽高比较大（如图中的 $b/H=1.2$）时，回填砂土的加固范围以及加固的密实度对码头的地震残余变形几乎没有影响。

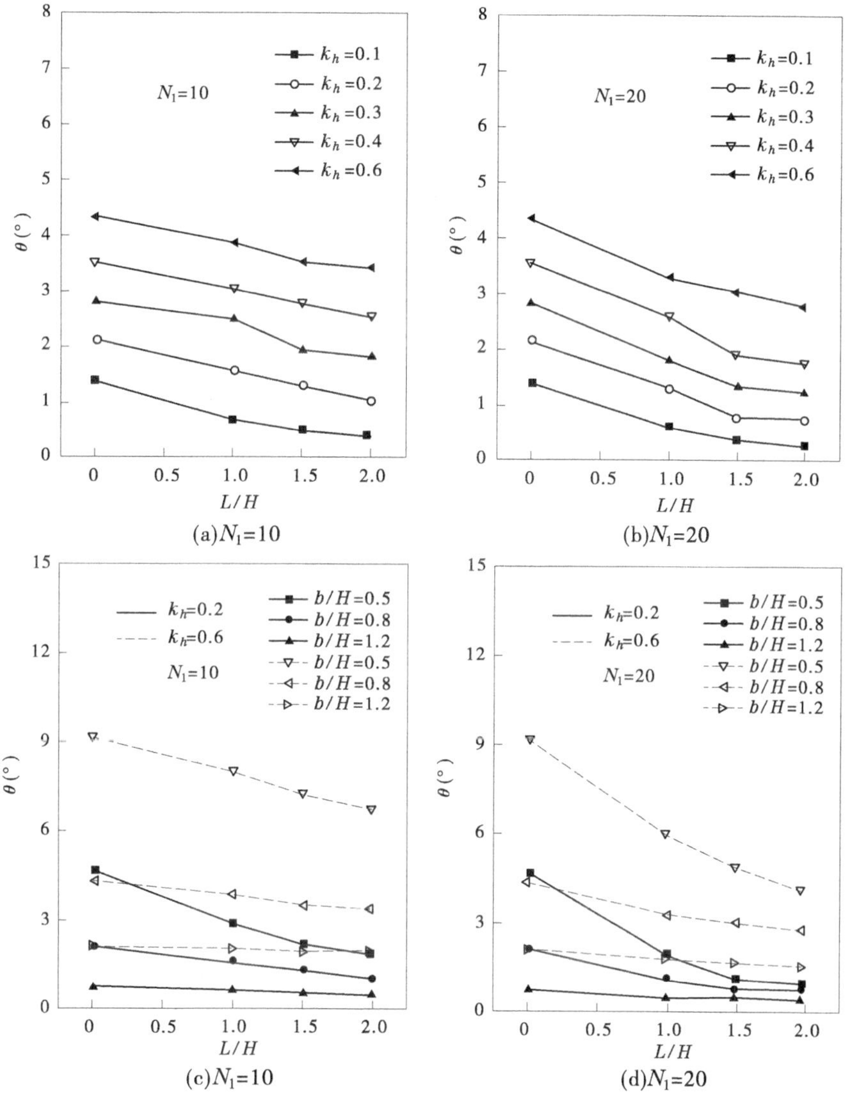

图 4-37　回填砂土加固范围影响下的残余角变形

图 4-38 给出了 $N_1=20$、$k_h=0.4$、$b/H=0.8$ 时 E438 的超静孔隙水压力比在回填砂不同加固范围下的时程曲线，图 4-39 为码头结点 N381 的地震变形随着时程变化的分布曲线。从图中可以看出，三种残余变形变化规律基本一致，随着时程逐渐增大；回填砂加固范围逐渐增大时，土单元的超静孔隙水压力比发展水平逐渐降低，加固范围从 1.0H 再增加时孔压发展水平几乎不变，所产生的残余变形也几乎不变；回填砂加固到 1.0H 时，角变形减小的幅度相对较大些，之后再加固时，水平和竖向变形规律趋于一致，说明了回填砂土的物理特性对角变形的影响相对较大。

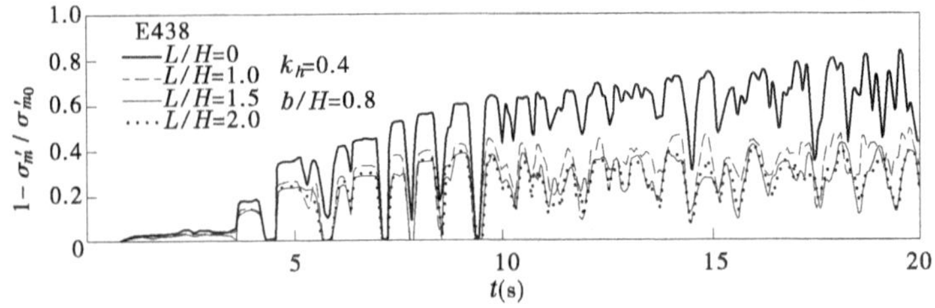

图 4-38　单元 E438 的超静孔隙水压力比时程分布

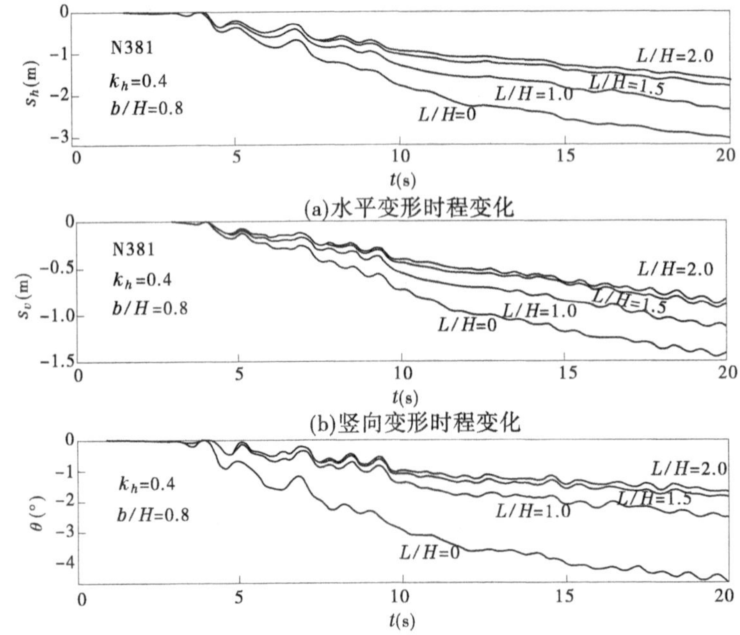

(a)水平变形时程变化

(b)竖向变形时程变化

(c)角变形时程变化

图 4-39　回填砂土加固范围影响下的码头变形时程变化曲线

4.4.6　置换砂处理深度的影响

基本计算工况：$b/H=0.8$，$L/H=1.0$，$N_1=5$，$k_v=0.5k_h$，$\gamma=22\ \mathrm{kN/m^3}$，$h_{wd}/H=0.8$，$h_{wu}/H=0.8$。图 4-40 为不同水平地震动输入水平下，码头顶点 N381 的水平与竖向残余变形随着置换砂处理深度变化的分布情况，图 4-41 为码头不同高宽比条件下的码头顶点 N381 的水平与竖向残余变形随着置换砂处理深度的增加而变化的情况，图 4-42为码头残余角变形随置换砂处理深度变化的分布情况。从图中可以看出，不管其他参数（置换砂密实度、水平地震输入水平和码头的宽高比）如何改变，三种残余变形变化规律都一致，残余变形均随着置换砂厚度的增加而增大，尤其是厚度从 0.5H 增加到 1.0H 时残余变形显著地增加。计算结果表明置换砂厚度越厚，码头的地震残余变形越大，且置换砂处理厚度对码头地震残余变形的影响很大，是个敏感因素。

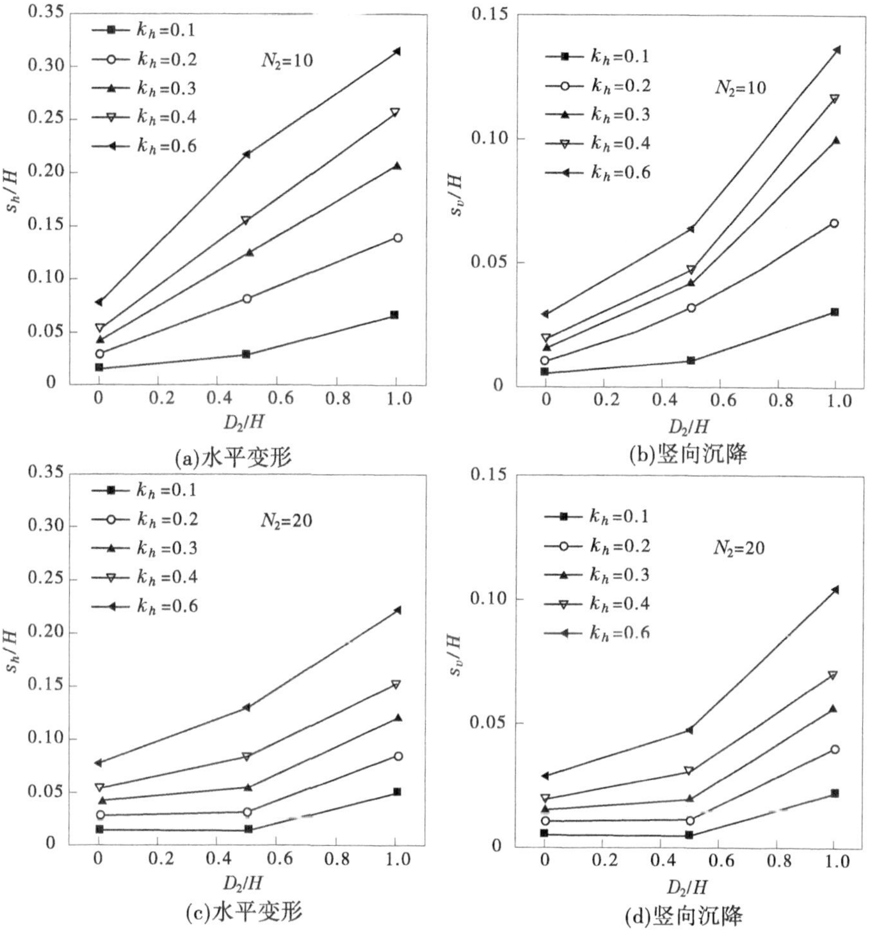

(a)水平变形　(b)竖向沉降

(c)水平变形　(d)竖向沉降

图 4-40　置换砂处理厚度影响下的残余水平与竖向变形(宽高比为 0.8)

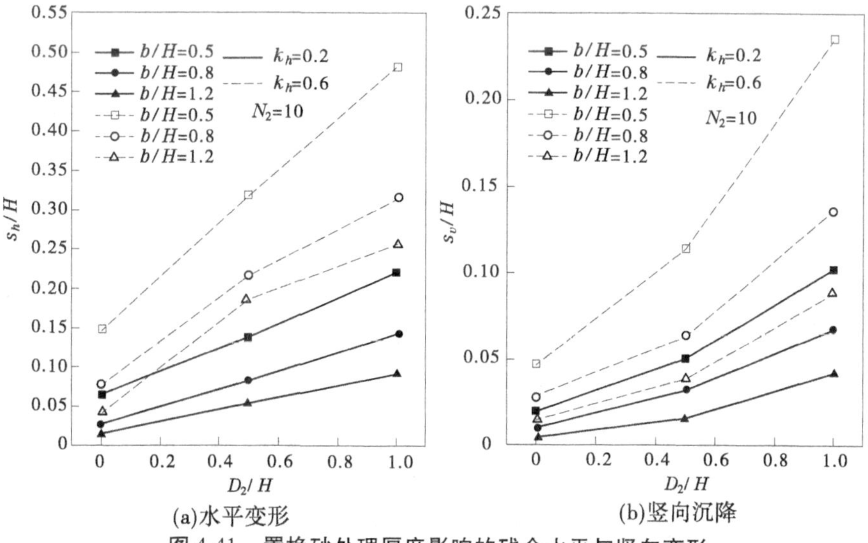

(a)水平变形　(b)竖向沉降

图 4-41　置换砂处理厚度影响的残余水平与竖向变形

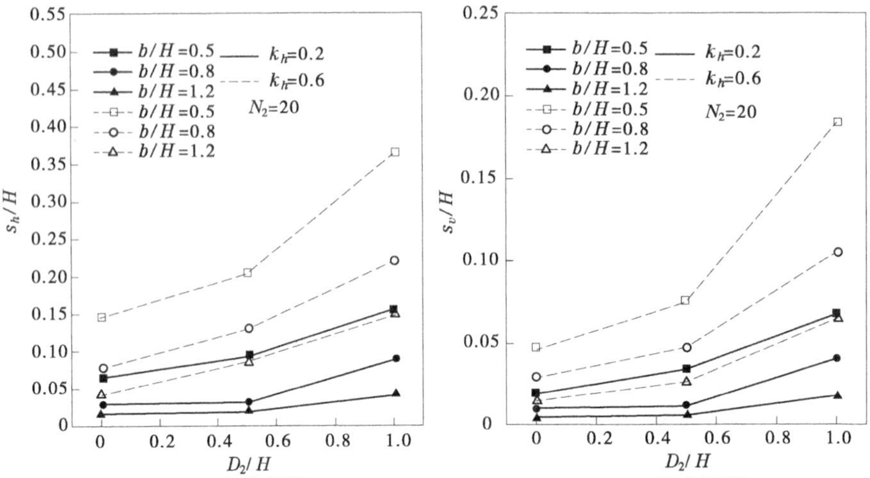

(c)水平变形　　(d)竖向沉降

续图 4-41

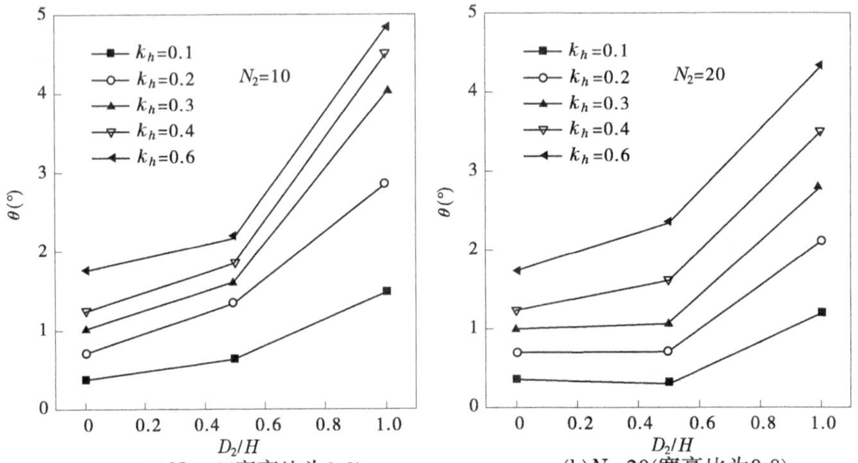

(a)N_2=10(宽高比为0.8)　　(b)N_2=20(宽高比为0.8)

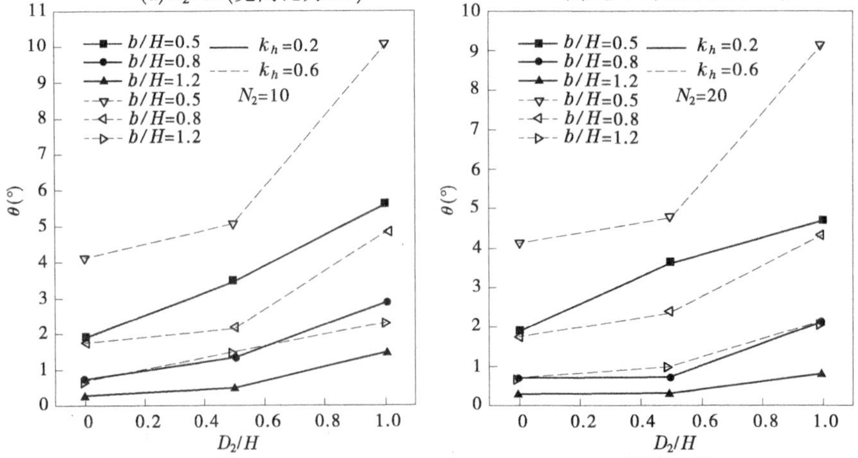

(c)N_2=10　　(d)N_2=20

图 4-42　置换砂处理厚度影响下的残余角变形

图 4-43 给出了 $N_2=20$、$k_h=0.4$、$b/H=0.8$ 时 E438 的超静孔隙水压力比在置换砂不同处理厚度下的时程变化曲线,图 4-44 为码头结点 N381 的地震变形随着时程变化的分布曲线。由图可见,三种残余变形变化规律基本一致,均随着时程逐渐增大;置换砂处理深度变厚时,土单元的超静孔隙水压力比发展水平变高,产生的变形随着时程显著增加,置换砂处理厚度加深时,码头的水平、竖向和角变形几乎在同一时刻迅速增加。

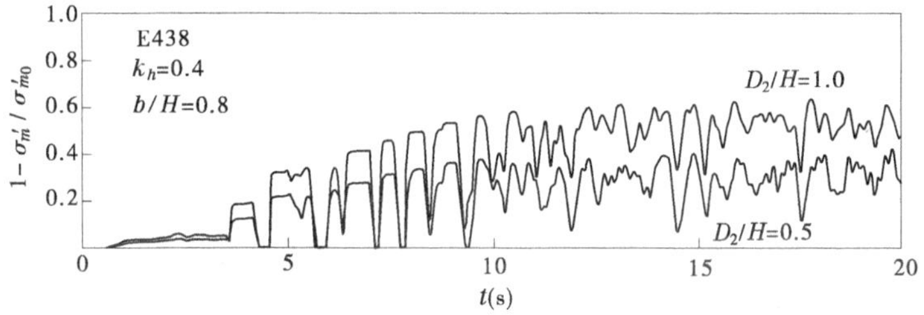

图 4-43　单元 E438 的超静孔隙水压力比时程分布

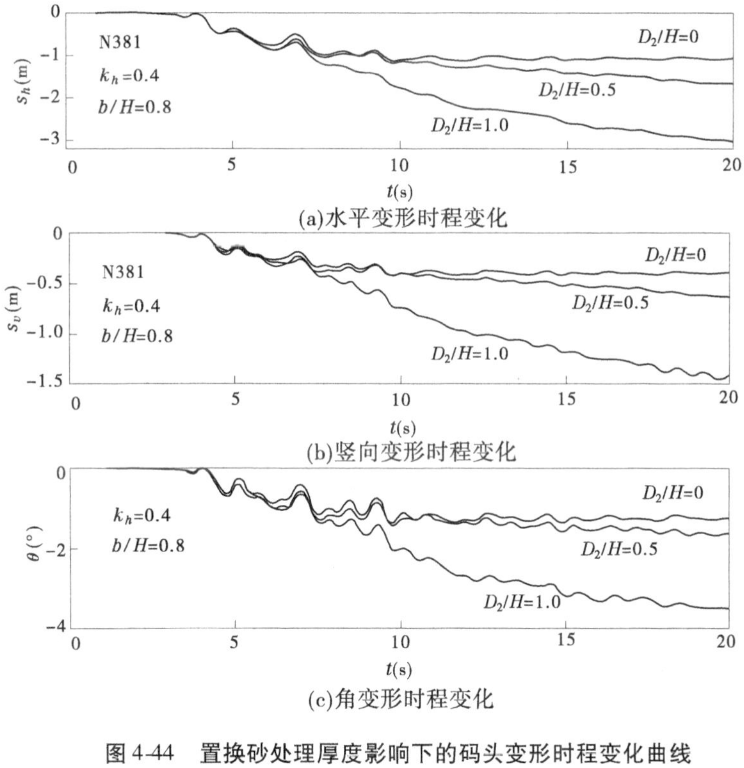

图 4-44　置换砂处理厚度影响下的码头变形时程变化曲线

4.4.7　码头容重的影响

基本计算工况:$b/H=0.8$,$L/H=1.0$,$D_2/H=1.0$,$N_2=20$,$k_v=0.5k_h$,$h_{wd}/H=0.8$,$h_{wu}/H=0.8$。图 4-45 为不同水平地震动输入水平下的码头顶点的残余水平

变形、竖向沉降和角变形随着码头容重变化的分布情况，容重分别为 19 kN/m³、22 kN/m³ 和 25 kN/m³，对回填砂土标贯击数 N_1 分别为 10 和 20 的工况进行了计算。从图中可以看出，码头容重的变化对码头地震残余变形具有一定的影响，残余水平变形、残余竖向沉降和角变形随着码头容重变化的规律一致，残余变形随着码头容重的增加而逐渐减小；同一水平地震加速度系数下，残余变形随着标贯击数的增加而减小；码头同一容重下，残余变形随着水平地震加速度系数的增加而递增。

由于篇幅的限制，码头容重以及下面地下水位和墙前水位三个影响因素下的码头变形时程分布情况，以及砂土超静孔隙水压力比的发展情况不再详细写出和分析。

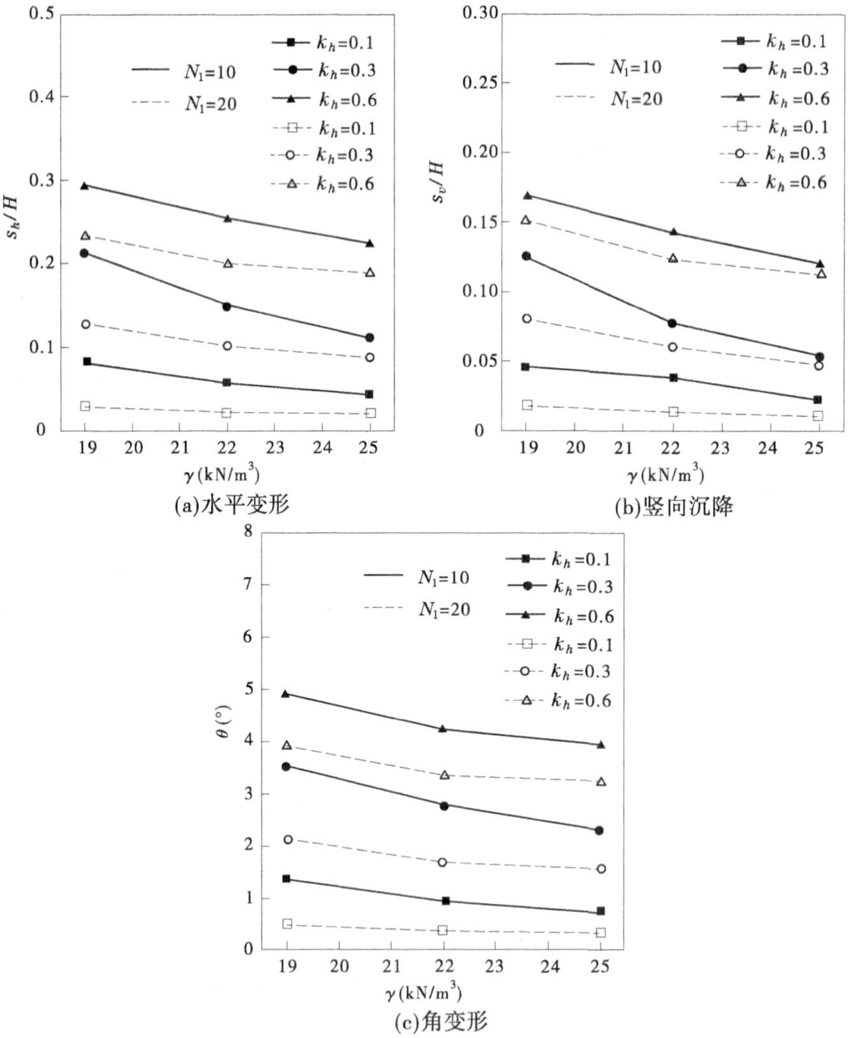

(a)水平变形　　(b)竖向沉降

(c)角变形

图 4-45　码头容重影响的残余变形

4.4.8　回填砂土地下水位的影响

基本计算工况：$b/H=0.8$，$L/H=1.0$，$D_2/H=1.0$，$N_2=20$，$k_v=0.5k_h$，$\gamma=22\ \mathrm{kN/m^3}$，$h_{wu}/H=0.8$。图 4-46 为不同水平地震动加速度下的码头顶点的残余水平变形、竖向沉降和角变形随着回填砂土地下水位变化的分布情况，h_{wd}/H 分别为 0、0.4、0.8 和 1.0，对回填砂土标贯击数 N_1 分别为 10 和 20 的工况进行了计算。由图可见，回填砂土的地下水位对码头残余竖向变形具有显著的影响，不同水平地震加速度下，残余水平变形、残余竖向沉降和角变形随着回填砂土地下水位变化的规律都一致，残余变形随着地下水位的提高而显著增大；回填砂土标贯击数从 10 增加到 20 时，各残余变形随着回填砂土地下水位的提高而增大的趋势有所减弱。计算结果表明，回填砂土的地下水位对码头的残余变形影响很大，提高回填砂土的密实度可以降低地下水位对码头变形的危害。

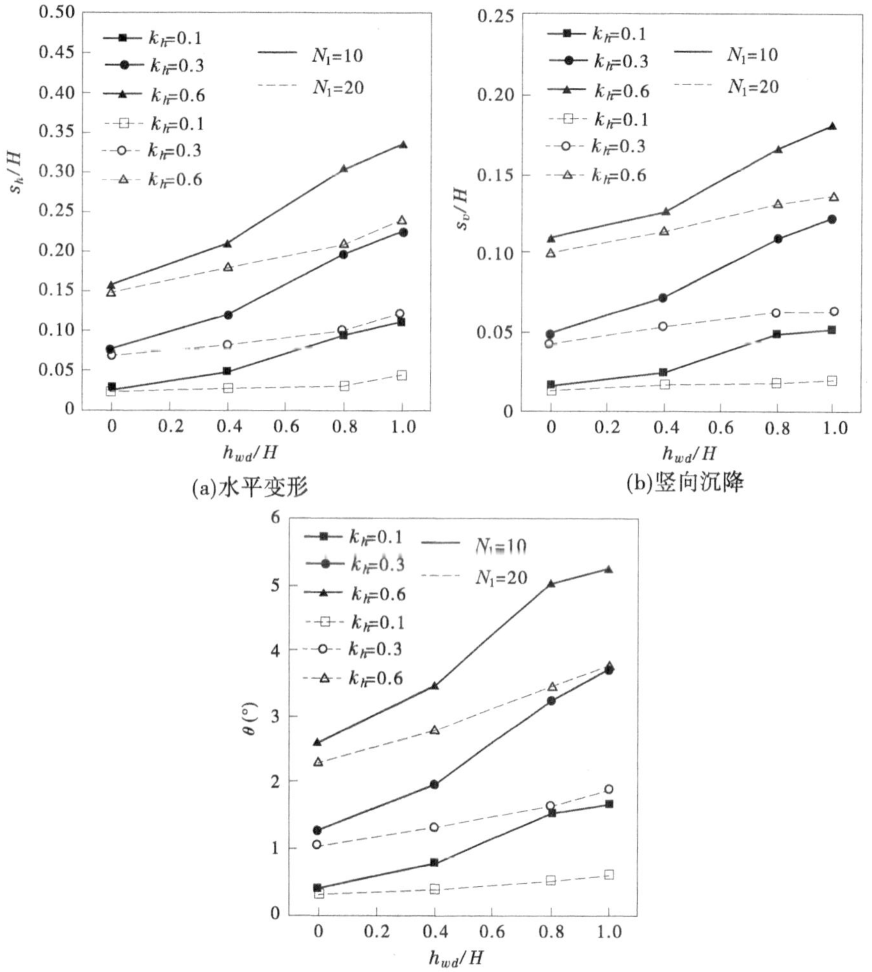

(a)水平变形　(b)竖向沉降　(c)角变形

图 4-46　回填砂土地下水位影响下的残余变形

4.4.9　码头前水位的影响

基本计算工况：$b/H=0.8$，$L/H=1.0$，$D_2/H=1.0$，$N_2=20$，$k_v=0.5k_h$，$\gamma=22\ \mathrm{kN/m^3}$，$h_{wd}/H=0.8$。图 4-47 为不同水平地震动加速度下的码头顶点的残余水平变形、竖向沉降和角变形随着码头墙前水位变化的分布情况，h_{wu}/H 分别为 0、0.4、0.8 和 1.0，对回填砂土标贯击数 N_1 分别为 10 和 20 的工况进行了计算。由图中可见，码头前水位对码头残余变形主要影响显著，不同水平地震加速度系数下，残余水平变形、残余竖向沉降和角变形随着码头前水位变化的规律一致，残余变形随着码头前水位的提高而显著减小；回填砂土标贯击数的增加没有改变各残余变形随着码头前水位变化的规律。计算结果表明，码头前的高水位可减小码头的地震残余变形。

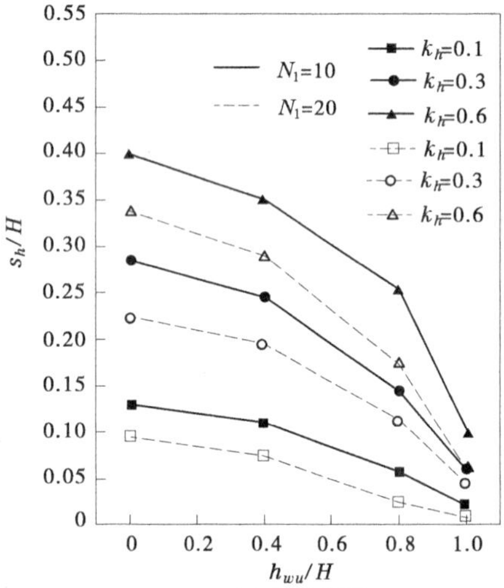

(a)水平变形

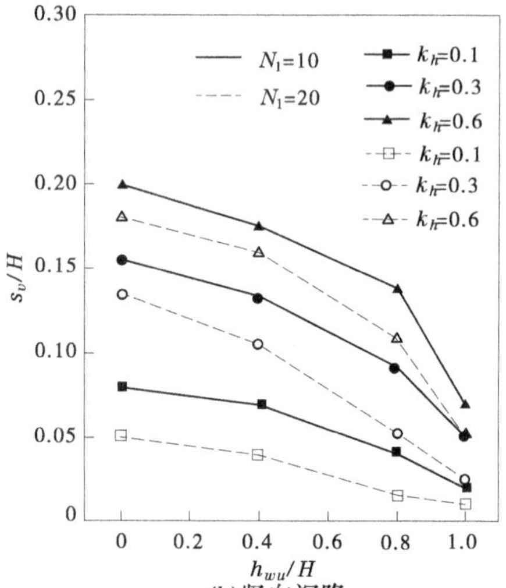

(b)竖向沉降

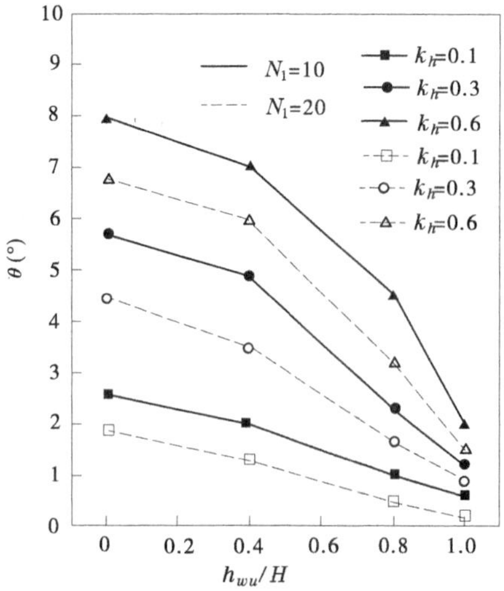

(c)角变形

图 4-47　回填砂土地下水位影响下的残余变形

根据以上各影响参数对码头地震残余变形的分析,得出:水平和竖向地震动加速度系数、回填砂土的地下水位、码头前水位、置换砂处理厚度、标贯击数和当置换砂厚度较深时码头的宽高比是影响码头地震残余变形的主要敏感因素;其次敏感的是回填砂土的加固范围和标贯击数。当已知码头高度和对应的基本工况时,可用绘出的一组分布图估计重力码头各工况下的地震残余变形,有助于地震工程设计者进行初步的估算。

工程中可通过提高回填砂和置换砂的密实度、扩大回填砂土加固范围、增大码头的宽高比和提高码头的容重和设置排水措施降低地下水位等方法降低码头的地震残余变形。

4.5　残余变形的液化度图形预测

通过前面的分析可知,残余变形的影响参数较多,初步估计不是很直观,但每种工况下都有个共同的物理指标——土单元的超静孔隙水压力比,即本书所定义的液化度;为较为直观地反映码头的变形,尝试采用液化度来直接衡量码头顶点的地震残余变形。

由于不同位置处的土单元具有不同的液化度,液化度如何选取是较困难的。由前面的变形机制分析可知,单元 E178 所处的位置较特殊,影响因素很多,导致土单元产生变形的物理机制较复杂;单元 E508 所处的位置上覆压力较小,在不同的地震水平下液化度很容易升高,难用于分析问题;与 E178 和 E508 两个单元相比,E438 受影响和干扰的因素相对较少,而且上覆压力较大,相对难以液化,它的液化度较能清晰地解释码头在不同情况下的变形机制。

因而,这里采用受干扰因素相对较少的单元 E438 在地震动结束时刻的液化度来综合衡量码头顶点 N381 的残余变形,它的液化度高低直接反映了整个码头系统的地震变形情况,用这个特定单元的液化度代替码头周围的所有砂土(回填砂土和置换砂)的液化度,跟其他两个单元相比,用它来衡量码头的残余变形时,码头地震安全设计得到了保证,故定义单元 E438 为安全单元。将各种工况下安全单元 E438 的液化度与码头顶部结点 N381 的残余变形关系汇于图 4-48 中,图(a)、(b)和(c)分别为液化度与残余水平变形、竖向沉降以及角变形之间关系的数值分布图。由图 4-48 可见,三者的残余变形与液化度之间的分布关系呈指数函数 $y = a \cdot b^x$ 的形式,图中给出了各残余变形与液化度之间的平均拟合线以及 90% 数据区域的宽带拟合界线。残余变形的平均拟合公式分别见式(4-16)、式(4-17)和式(4-18),括号里 R 为拟合公式的均方差;90% 数据区域的宽带拟合界线的公式见式(4-19)~式(4-24)。

(1)平均拟合线公式。

残余水平变形:

$$s_h/H = 0.05 \times 7.99^{E_l} \quad (R = 0.80) \tag{4-16}$$

残余竖向沉降:

$$s_v/H = 0.02 \times 8.28^{E_l} \quad (R = 0.79) \tag{4-17}$$

残余角变形:

$$\theta = 1.01 \times 6.55^{E_l} \quad (R = 0.70) \tag{4-18}$$

(2)宽带拟合上界线公式。

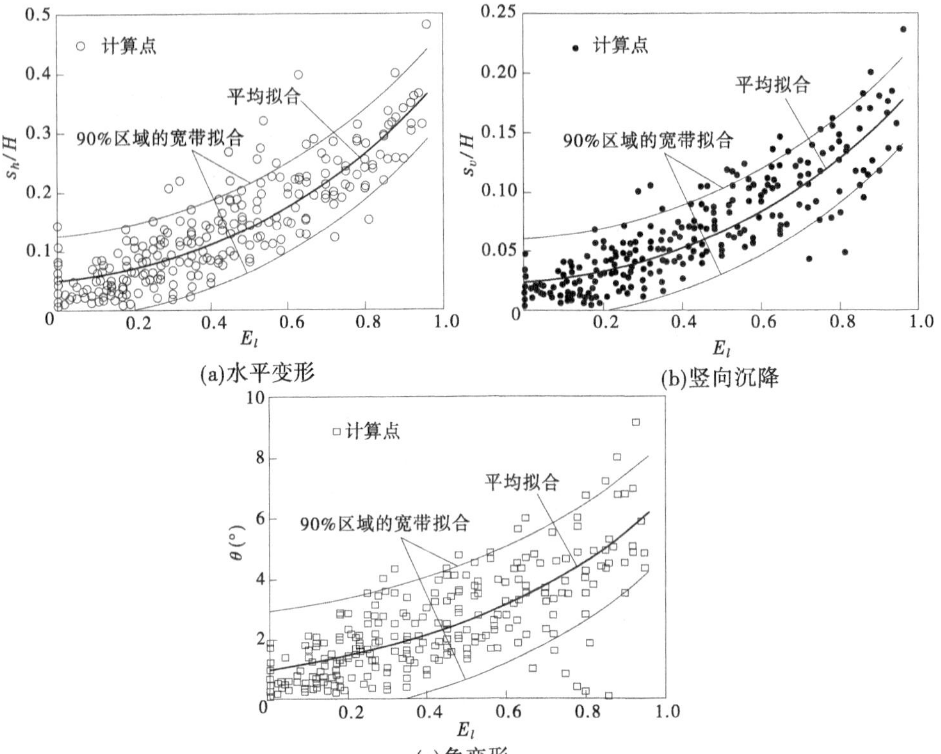

(a)水平变形　(b)竖向沉降

(c)角变形

图 4-48　液化度与残余变形的数据关系和拟合曲线

残余水平变形：

$$s_h/H = 0.12 \times 4.01^{E_l} \tag{4-19}$$

残余竖向沉降：

$$s_v/H = 0.06 \times 4.12^{E_l} \tag{4-20}$$

残余角变形：

$$\theta = 2.70 \times 0.99^{E_l} \tag{4-21}$$

(3)宽带拟合下界线公式。

残余水平变形：

$$s_h/H = 0.012 \times 27.33^{E_l} \tag{4-22}$$

残余竖向沉降：

$$s_v/H = 0.007 \times 21.16^{E_l} \tag{4-23}$$

残余角变形：

$$\theta = 0.11 \times 44.45^{E_l} \tag{4-24}$$

由图4-48 可见，液化度 E_l 小于0.2 时，残余水平变形、竖向沉降和角变形几乎不随液化度变化，这部分变形主要是地震惯性力引起的；E_l 在0.2～0.4 时，残余水平变形、竖向沉降和角变形随液化度的升高开始缓慢增长；E_l 大于0.4 时，残余水平变形、竖向沉降和角变形随着液化度的升高而显著增大。

工程应用中可将砂性土体的液化度与土体的工程特性以及重力码头的抗震要求联系起来。对较密实的砂土(标贯击数 $N>25$)以及抗震要求低的码头,液化度标准可定得低些,则它的残余变形的设计控制值就小;相反,对较疏松的砂土以及抗震要求高的码头,液化度标准就定得高些,它的残余变形设计值就大。

因此,这里将重力式码头地震残余变形预测大致分类如下:

(1)当 $N>25$,且构筑物抗震要求低时,取 $E_l<0.2$,按平均拟合线预测码头的地震残余变形。

(2)当 $10<N<25$,且构筑物抗震要求一般时,取 $0.2<E_l<0.4$,按平均拟合线预测码头的残余变形。

(3)当 $N<10$,或构筑物抗震要求高时,取 $E_l>0.4$,按90%数据宽带域的拟合上界线预测码头的残余变形。

4.6　本章小结

基于多重剪切机构弹塑性模型的动力有限元程序,建立了地基-自由流体-码头-回填砂土的固液体动力相互作用的分析模型,对水平和竖向地震载荷的特性、置换砂和回填砂土的物理特性、置换砂的厚度、回填砂土加固范围、码头的几何尺寸等因素影响下的残余变形进行了详细的计算与分析;并初试用液化度指标综合衡量与预测三种残余变形,得出的结论如下:

(1)水平加速度输入水平越高,码头残余变形越大,残余水平变形和残余竖向沉降的变化规律基本一致;置换砂密实度较大时,残余变形随着水平输入加速度幅值的增加而呈线性递增,墙后回填砂土密实度的增加对码头残余变形的减小作用较弱;置换砂很疏松时,低水平的地震动也会造成很严重的地震破坏,但若码头墙后回填砂土较密实,可大大降低码头的残余变形。

(2)竖向地震加速度系数对码头的残余变形也有一定的影响,残余变形随着竖向地震加速度系数的增加而变大,但当计入的竖向地震动水平变得很大时,码头残余变形的增加变得不明显;残余水平变形、竖向沉降和角变形随着竖向地震加速度系数的变化规律一致,水平残余变形大小约是竖向沉降的两倍;置换砂密实度的改变不影响残余变形的变化规律,只是较密实时,残余变形数值变小。

(3)残余变形随着回填砂标贯击数的增加而逐渐减小,但减小的趋势不显著,残余水平变形、竖向沉降和角变形随着回填砂标贯击数的变化规律一致;残余变形随着置换砂标贯击数变化的规律不一致,水平变形随着置换砂标贯击数的增加而逐渐减小,竖向沉降和角变形在地震动水平较低时随着回填砂标贯击数的增加而逐渐减小,但在地震动水平很高时随着置换砂标贯击数的增加先逐渐增加,而后逐渐减小。

(4)码头的宽高比在置换砂处理厚度较深时是影响码头残余变形的敏感因素,随着码头宽高比的增大,残余变形以较大的幅度降低;水平变形、竖向沉降以及角变形随着码头宽高比变化的规律一致,水平残余变形数值上是竖向残余沉降的1~3倍。

(5)码头的残余变形随着回填砂加固范围的增加而逐渐减小,但加固长度增加到一定范围时,残余变形的降低变得不明显,表明回填砂的加固存在有效的合理范围;回填砂密实度的提高有利于降低码头的残余角变形;宽高比较大时,回填砂土的加固范围以及加固的密实程度对码头残余变形的影响甚小。

(6)置换砂处理厚度对码头地震残余变形的影响较大,码头的残余变形随着置换砂处理厚度的增加而显著增大;不管其他参数(如置换砂密实度、水平地震输入水平和码头的宽高比)如何改变,码头顶点的残余水平变形、竖向沉降变形以及角变形随着置换砂处理厚度增加的变化规律均一致。

(7)码头容重的变化对码头地震残余变形具有一定的影响;回填砂土的地下水位对码头的残余变形影响很大,提高回填砂土的密实度可以降低地下水位对码头变形的危害;残余变形随着码头前水位的提高而显著减小,回填砂土标贯击数的增加没有改变残余变形随码头前水位变化的规律。

(8)比较各种影响因素得出:水平和竖向地震动输入水平、回填砂土的地下水位、码头前水位、置换砂处理厚度、置换砂的标贯击数和置换砂厚度较深时的码头的宽高比是影响码头地震残余变形的敏感因素;其次较为敏感的是回填砂土的加固范围和标贯击数。当已知码头高度和对应的基本工况时,可以用上面计算绘出的一组分布图估计重力码头各种工况下的残余变形,有助于地震工程设计者进行初步的估算。

(9)为较为直观地反映码头的地震残余变形,初试采用安全单元的液化度来直接衡量码头顶点的残余变形;对90%的数据区域进行了指数函数的拟合,给出水平残余变形、竖向沉降和角变形的平均拟合线和宽带上下界线的拟合线;将液化度与砂性土体的工程特性以及重力式码头的抗震要求联系起来,对较密实的砂土以及抗震要求低的码头,液化度标准定得低,可按平均拟合线来控制残余变形;对较疏松的砂土或抗震要求高的码头,液化度标准定得高,可按宽带拟合上界线来控制码头的残余变形。

参考文献

[1]S. P. Gopal Madabhushi. Modelling of deformations in Dynamic Soil-Structure Interaction problems[R]. Discussed at the VELACS (Verification of Liquefaction Analysis by centrifuge Studies) Extension Conference ,University of Califomra, Davis,1996.

[2] Zeng X. Dynamic centrifuge tests on quay walls[R]. Technical Report CUED/D-SoiMTR251, Cambridge University, England,1992.

[3] Liu Hanlong, Susumu Iai, Koji Ichii. Evaluation of Deformation to the Pneumatic Caisson Foundation of Kobe Ohashi Bridge[J]. Report of Port and Harbour Research Institute, Japan, 1992,36(2).

[4]刘汉龙, 井合进, 一井康二. 大型沉箱式码头岸壁地震反应分析[J]. 岩土工程学报, 1998, 20(2): 22-30.

[5] Yuan Di, Tadanobu Sato. Centrifuge modeling of the behavior of caisson-type quay walls during earthquakes [J]. Soil Dynamics and Earthquake Engineering, 2004, 24:251-260.

[6] 蔡晓光. 液化土层两种机制下侧向大变形分析[D]. 哈尔滨:中国地震局工程力学所, 2001.

[7] 陈育民. 砂土液化后流动大变形试验与计算方法研究[D]. 南京:河海大学,2007.

[8] Zienkiewicz O C, Bettess P. Soils and other saturated media under transient, dynamic load conditions. Soil mechanics-transient and cyclic loads . Pande & Ziendiewicz eds, John Wiley and Sons, 1982, 1-16.

[9] Iai S, Kameoka T, Matsunaga Y. Numerical(Class A) Prediction of Model No. 1, Verification of Numerical Procedures for the Analysis of Soil Liquefaction Problems(VELACS)[J]. A. A. Balkema, 1993:109-122.

[10] Iai S, Morita T, Kameoka T, et al. Response of a Dense Sand Deposit During 1993 Kushiro Oki Earthquake[J]. Soils and Foundation, 1995, 35(1):114-131.

[11] Iai, S, Kameoka T, Matsunaga Y. Numerical(Class A) Prediction of Model No. 2, Verification of Numerical Procedures for the Analysis of Soil Liquefaction Problems(VELACS)[J]. A. A. Balkema, 1993: 369-376.

[12] 井合进,仓田荣一. 空港高盛土におけるアレ观测と解析,第8回日本地震工学シンポジウム, 1990:462-468.

[13] Liu Hanlong, Iai Susumu, Koji Ichii, et al. A Study of Seismatic Behavior of A Caisson Quay Wall[C]// Proc. of 6th International Symposium on Numerical Models in Geomechanics. Montreal, Canada, A. A. Balkema, 1997.

[14] Liu Hanlong, Iai Susumu, Koji Ichii, et al. Effect of Soil Improvement on Deformation of a Caisson Quay-wall During 1994 Hokkado-Toho-Oki Earthquake[J]. Soils and Foundations, 1997:311-321.

[15] Iai S, Kameoka T. Finite Element Analysis of Earthquake Induced Damage to Anchored Sheet Pile Quay Walls[J]. Soils and Foundations, 1993, 33(1):71-91.

[16] Liyan Wang, Peng Gao, Susumu Iai. Numerical Study on Seismic Performances of Geogrid Reinforced Soil Retaining Walls in Liquefiable Backfill Sand[J]. Journal of Engineering Science and Technology Review, 2014, 7(1): 109-115.

[17] Iai S, Kameoka T, Matsunaga Y. Numerical(Class A) Prediction of Model No. 12, Verification of Numerical Procedures for the Analysis of Soil Liquefaction Problems[J]. A. Balkema, 1993:1034-1040.

[18] 井合进. 大地震时の地盘构造物系の变形解析[C]//平成八年度港湾技术研究所演讲会论文集. 日本, 1996:1-17.

[19] 刘汉龙,周健. 大地震作用下构造物、地基与流体协同变形分析[J]. 水利学报, 1999, 9:51-55.

[20] Liu Hanlong, Iai Susumu, Koji Ichii, et al. Evaluation of Deformation to the Pneumatic Caisson Foundation of Kobe Ohashi Bridge[J]. Journal of Port and Harbour Research Institute, 1992, 35(2).

[21] 井合进,仓田荣一. 空港高盛土におけるアレ观测と解析,第8回日本地震工学シンポジウム, 1990.

[22] Liu Hanlong, Iai Susumu, Koji Ichii, et al. Analysis of Deformation of River Dike Due to Liquefaction [J]. Journal of Geotechnical Engineering, JSCE, 1992.

[23] 刘汉龙,魏迎奇. 广东飞来峡土坝抗震液化和残余变形分析[R]. 南京:河海大学科学研究报告, 1998.

[24] 刘汉龙,等. 福建晋江防洪堤工程抗震液化和变形分析[R]. 南京:河海大学科学研究报告, 1999.

[25] O. Ozutsumia, S. Sawadab, S. Iaic, et al. Effective stress analyses of liquefaction-induced deformation in river dikes[J]. Soil Dynamics and Earthquake Engineering, 2002, 22:1075-1081.

[26] Iai S, Matsunaga Y. Mechanism of Uplift of Underground Structures Due to Liquefaction[J]. National Disaster Reduction and Civil Engineering, 1993:292-306.

[27] 汪明武,井合进,飞田哲男. 栈桥式构筑物抗震性能动态离心模型试验的数值模拟[J]. 岩土工程学报, 2005, 27(7):738-741.

[28] 森田年一,井合进, Liu Hanlong, et al. 液状化による构造物被害预测プログラムFLIPにおいて必要

な各种パラメタの简易设定法[Z]. 港湾技研资料, No. 854, 日本, 1992.

[29] 王丽艳, 陈香香, 姜朋明. 液化地基中重力式码头墙体地震残余变形的有效动应力研究[J]. 岩土力学, 2011, 32(11): 3361-3362.

[30] Wang Liyan, Liu Hanlong, Jiang Pengming, et al. Prediction Method of Seismic Residual Deformation of Caisson Quay Wall in Liquefied Foundation[J]. China Ocean Engineering, 2011, 25(1): 44-58.

第5章　计算方法的验证:振动台模型试验与灾害实例

5.1　引　言

5.1.1　室内试验方法

5.1.1.1　振动台试验

振动台模型试验一直是研究灾害的最常用的室内试验方法[1-16]。Iai(1996,1999)[17,18]对1995年阪神地震中因大范围的液化引起的码头变形进行了1g-振动台的模型试验,用变形计详细地测试了码头顶和底关键部位的变形,另用加速计和孔压计详细地测试了回填砂土和置换砂各典型部位的加速度和孔隙水压力,来对码头的地震变形机制进行了全面的研究。Ghalandarzadeh等(1998)[19]对沉箱式码头做了一系列的1g 振动台试验,他们发现墙体变形随着振动的强度提高和持续时间的增长而增大。Hamada等(1998)[20]采用1g-振动台试验研究了码头向海边运动时回填砂土的剪胀特性。Sung-Ryul Kim等(2005)[21]采用1g-振动台试验验证了上面所提出的基于Newmark滑块简单动力计算码头墙体地震变形的方法。

5.1.1.2　离心振动台试验

离心机模型测试沉箱模型地震行为的研究表明了码头墙体的惯性力、回填土里的动土压力与孔隙水压力以及码头墙体与基础土的接触面的抗剪力的减小是地震中墙体发生运动的原因。Zeng(1992)[22]对码头墙后回填土分别为干燥和饱和状态进行了离心机试验,用变形计(LVDT)测试了码头的侧向运动的变形,试验测试结果是饱和回填砂土的码头产生的残余侧向变形约是干砂回填土码头产生的残余变形的3倍,表明饱和砂土里含有的孔隙水对码头侧向变形影响较大。

Chung-Jung Lee(2005)[23]针对回填砂土不同的渗透性的复杂特征做了一系列的高速离心机试验,研究码头墙体的地震反应和回填土的变形特征,码头墙体的旋转和平移模式被详细地研究,测试结果表明超孔隙水压力的升起是墙体变化的主要原因,旋转运动主要归因于深层回填土里的超孔隙水压力和土压力的变化,平移运动主要归因于浅层土里的这些压力。

5.1.2　现场震害调查

现场震害调查是研究灾害的最直接最常用的方法[21-37]。神户港是日本第二大国际港口,重力式沉箱结构被广泛用于港口码头和挡墙岸壁,1995年1月17日凌晨的里氏7.2震级的都市直下型大地震时地面最大地震加速度达到0.6g,从而导致大量沉箱岸壁严重破坏[38]，地震后调查表明，沉箱顶部水平残余变形最大达5 m，平均为3.5 m，残余沉降为1～2 m，海侧倾斜角3°～5°。

台湾云林县的台昌(Taichung)港在1999年9月21日凌晨地震震中的西北向，距震中55 km，港口由建立在水力回填砂土上的45个船坞码头组成，这些码头都是沉箱式的岸壁，地震中由于砂土液化严重而遭受了惨重的破坏。根据震后调查与分析[39]，墙体向海外最大的水平运动变形为1.7 m，引起墙后土很大的竖向沉降、开裂和永久侧向变形，破坏范围延伸到岛内100～120 m，墙后回填土的整个沉降体积预估有37 000 m^3，码头墙体向海外运动的变形体积估计约为16 000 m^3，而固结沉降的程度大概在24～45 cm，近似容积为15 000 m^3；而且发现码头墙后的岛里35 m发生了大量的砂沸，与1995年阪神大地震的发现相同。

台湾学者Chung-Jung Lee(2005)[40]给出了岛内任意距离处产生的侧向变形，一直延伸到码头墙表面的累积侧向变形，以及随着离码头墙身的距离变化的沉降变形，如图5-1所示，图中实体线条为Ishihara等(1996)[41]在港口岛震后调查获得的结果，空心圆、空心三角和空心直角为Taichung岛的震害后调查值。

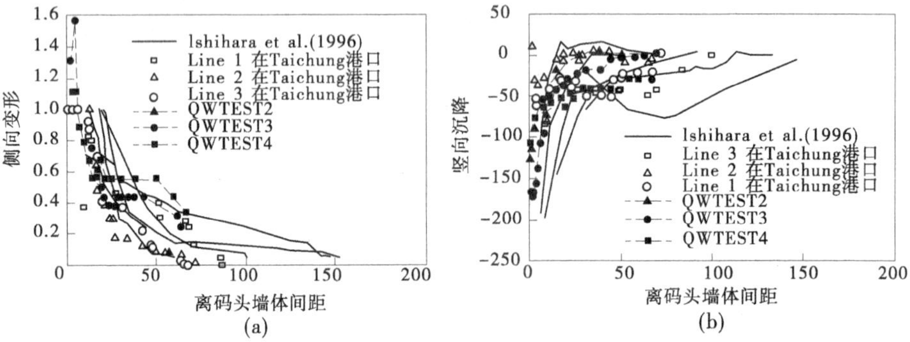

图5-1　地基表面侧向变形和竖向沉降随离沉箱码头距离的变化

5.1.3　问题的提出

土与结构动力相互作用的室内振动台和离心机振动台试验是目前国内外研究地震作用下的土工构筑物的变形及探讨其变形机制的重要手段。前面几章分别通过拟静力法、拟动力法以及动力有限元方法对重力码头的地震残余变形做了详细研究，并对简单的算例进行了定性的参数分析，得出了一些工程应用中的基本规律。

本章主要是通过1g－振动台试验模型和120g－离心机试验模型对前面几章提出的码头地震残余变形的计算方法进行验证，比较三种计算方法预测试验模型结果的合理性，探讨它们各自的适用范围以及存在的优缺点。

5.2　1g－振动台试验模型验证

5.2.1　试验装置和测试方法

采用文献[21]中的1g－振动台试验模型和测试结果。图5-2为1g－振动台试验的测试断面装置与输入加速度，模型箱尺寸如图(a)所示:总长 194 cm、宽 44 cm 和高 60 cm;模型码头墙宽 11.9 cm、高 26.4 cm 和长 42 cm。模型里装有 8 个孔隙水压力传感器、7 个加速度计、3 个变形传感器(LVDT)和 3 个压力测试计,它们的具体布置和安装位置见图中详细标示,水平变形和旋转角的时程变化可通过固定在墙上的变形传感器得出。输入的加速度如图 5-2(b)所示:开始 5 s 时段,正弦曲线的幅值以线性增长到 0.2g,输入运动频率为 5 Hz,此后以不变的波幅持续了 5 s。

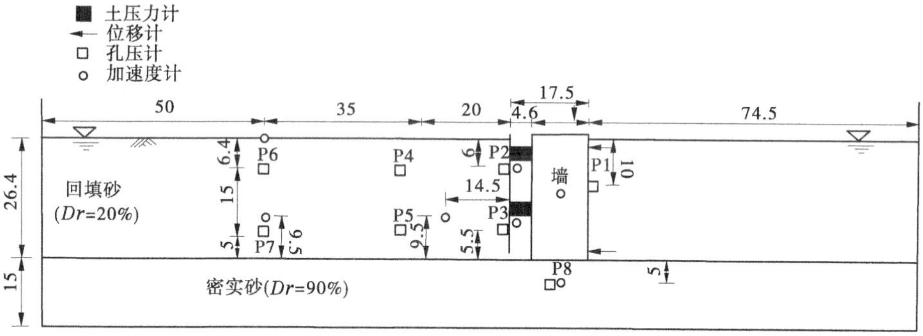

(a)测试断面与装置(单位:cm)

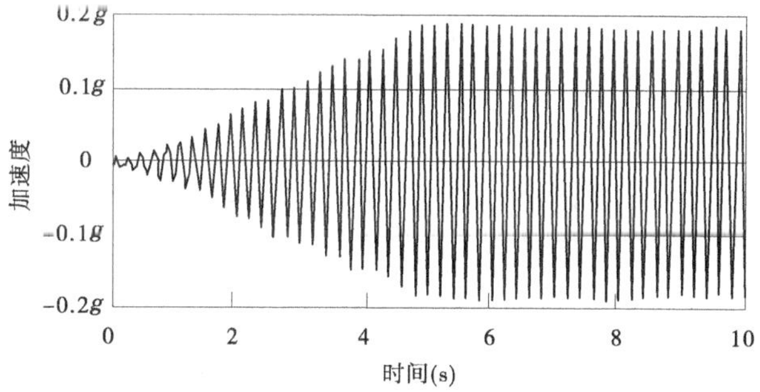

(b)输入加速度

图 5-2　振动台测试断面与试验输入加速度

模型土采用 Joomoonjin 砂,平均粒径为 0.55 mm、均匀系数为 1.37、最大和最小干容重分别为 16.7 kN/m^3 和 13.9 kN/m^3;通过水力冲积法得到回填松砂的相对密实度 Dr 为 20%,内摩擦角 φ 和饱和土容重 γ_{sat} 分别为 30°和 18.9 kN/m^3;通过常水头法试验测得回填砂土的渗透系数为 1.1×10^{-4} m/s。通过预先振动地基土的方法密实码头地基土层,相对密实度 Dr 和内摩擦角 φ 分别为 90% 和 40°。码头与地基基础接触面间的摩擦角 φ_B 通过拉拖试验估计,它随着码头墙的运动速度增长,在此振动台试验里的平均值为 28°。该振动台试验对相同模型尺寸的两种不同容重的码头进行了试验,容重 γ 分别为 23 kN/m^3 和 25.7 kN/m^3。

图 5-3 为安装在码头墙背上的孔隙水压力传感器 P2 和 P3 的超孔隙水压力的平均值的变化过程,将测得的该平均孔隙水压力时程值用于预测码头的地震变形计算中。图中给出了码头在两种不同容重下的超孔隙水压的时程曲线,曲线显示:超孔隙水压力在大约 5.0 s 达到最大值,但在 5.0 s 之后超孔隙水压力却开始下降,原因可能是地震动码头向外的运动使得码头墙背附近的回填砂土的土颗粒体积逐渐增大了。

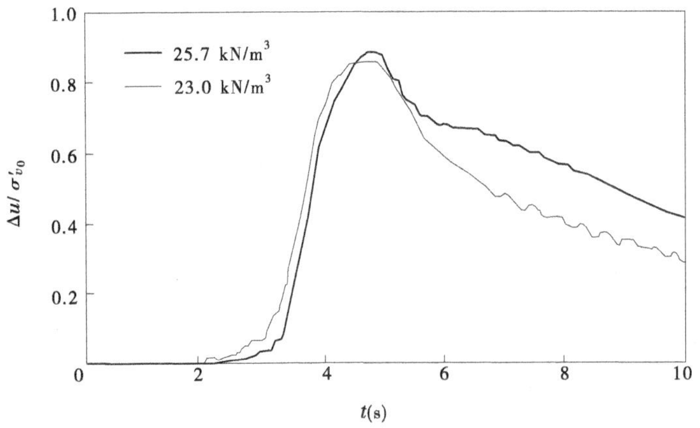

图 5-3　振动台测试的超静孔隙水压力比

5.2.2　拟静力法计算结果的验证

由于拟静力法是定性分析，没有时程参数的参与，为了分析问题，这里将随时程变化的水平地震系数 k_h 与液化度 E_l 进行简化。$t=0\sim3.0$ s 时段里，k_h 取线性增长的平均值，数值为 0.1(g)，E_l 取时程变化中的平均值约为 0；$t=3\sim5.0$ s 时段里，k_h 取线性增长的平均值，数值为 0.1，E_l 取时程变化中的平均值约为 0.45；$t=5.0\sim10.0$ s 时段里，k_h 数值为 0.2，E_l 取为 0.56。拟静力计算中采用的水平地震加速度如图 5-4 所示。试验中 k_v 为 0，模型中未介绍墙与回填砂土之间的摩擦角 δ，故这里将 δ 取为 0.5φ，数值为 15°。另外，文献中虽采用了 3 个 LVDT 测码头顶点的水平、竖向变形和码头底端旋转点的变形，也说明了可以测得码头的旋转角变形，但是没有给出测试结果，从下面的拟静力法分析出来的结果也表明了码头在给定的工况下只发生了滑动运动。

先对容重为 23 kN/m^3 的码头进行计算。$t=0\sim5.0$ s 时段，计算出地震角 ψ 为 11.7°，主动侧压力系数 K_{ae} 为 0.49，根据式(2-14)和式(2-15)计算出，k_h 为 0.1 时，码头的旋转加速度门槛系数 k_{tr} 和滑动门槛加速度系数 k_{ts} 分别为 0.29 和 0.20；k_h 为 −0.1 时，k_{tr} 和 k_{ts} 分别为 0.39 和 0.34，表明在此时段里码头不做任何运动。$t=5.0\sim10.0$ s 时段，计算出的地震角 ψ 为 21.6°，主动侧压力系数 K_{ae} 为 0.61，计算出 k_h 为 0.2 时，码头的 k_{tr} 和 k_{ts} 分别为 0.24 和 0.13，k_h 为 −0.2 时，k_{tr} 和 k_{ts} 分别为 0.43 和 0.24，表明在此时段里只有 k_h 为 0.2 时发生向外的滑动运动。整个分析结果表明 k_h 为负值时，码头不会产生滑动，k_h 为正值时的门槛加速度系数计算值也标示于图 5-4 中。

$t=5.0\sim10.0$ s 时段，初始旋转加速度 α、旋转角速度 ω 和 a_{gv} 均为 0，$t_0=5$ s，时间间断 Δt 取为 0.1 s，该时段的地基运动速度为时间函数：$v_{gh}=2.0t$；输出 t_0 到 t_{50} 的计算结果，得出 $t=10$ s 时的滑动速度 v_{oh} 为 8.9 m/s，滑动变形 s 为 0.93 m；而 v_{gh} 为 10 m/s，v_{oh} 还未达到 v_{gh}，说明地震载荷结束后滑动运动仍然存在。$t=10$ s 后，地震动结束，码头滑动开始减慢，没有了惯性力与地基运动惯性矩，将码头惯性力与地基运动惯性矩赋予 0 值，继续对单独滑动运动计算，分析出当 v_{oh} 达到 v_{gh} 时还需 1.6 s，即 $t=11.6$ s 时，滑动运

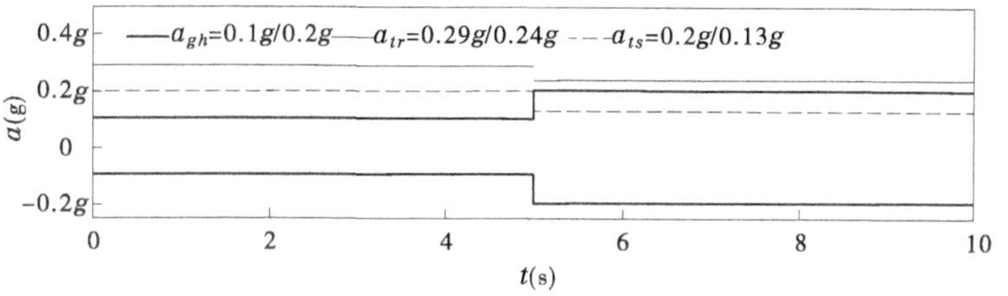

图 5-4　输入加速度和计算的门槛系数

动结束,输出 t_{51}到 t_{66}的计算结果,最后的残余滑动变形为 10.4 cm。地震动开始到码头运动结束的整个时段的滑动变形计算结果时程曲线如图 5-5(a)所示。

从图 5-5 中可以看出,拟静力法计算值与振动台试验测试值大体趋势一致:测试的滑动变形约在 4 s 之前为 0,4 s 之后才开始做滑动运动,变形逐渐增大;拟静力法分析的滑动变形是在 5 s 之前为 0,5 s 之后开始做滑动运动。这个测试结果的变化规律验证了拟静力法采用的将地震载荷变化规律划分时段和计算每一时段的门槛加速度系数来确定码头的运动形式的分析方法具有合理性,开始滑动的时间上的差别主要可能是因为拟静力法取简化了的地震载荷的原因,如分析中将 5 s 之前线性增长的地震载荷波幅取了平均值。

地震动结束($t=10$ s)时,测试的水平滑动变形为 8.5 cm,拟静力法在此时刻的滑动变形计算结果为 9.3 cm,且拟静力分析中在地震载荷结束时刻没有停止相对滑动,还需经历一小段时间,滑动变形持续增长,最后的残余滑动变形为 10.4 cm,在这一时段里产生的滑动变形约占了整个残余变形的 12%。计算残余滑动变形结果比测试值 8.0 cm 升高了 30%,主要是拟静力法取地震载荷时的等效简化带来的,试验中的地震载荷是一个正负曲线,而且拟静力法中直接分析了地震载荷为负值时码头不做运动,这些简化使得码头滑动变形结果偏大,但对于安全设计来说,拟静力法是个比较适用的简单方法。

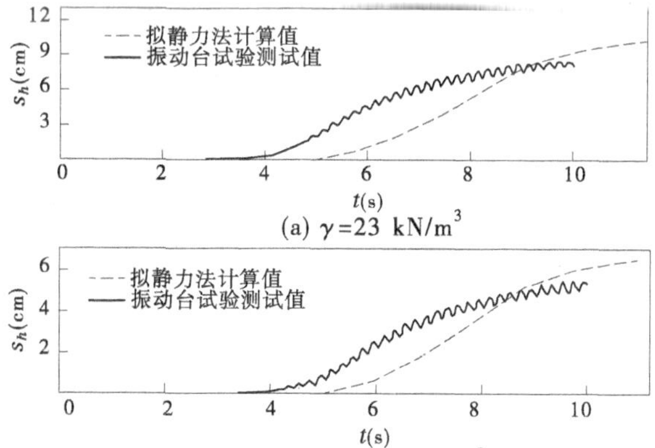

(a) $\gamma=23$ kN/m^3

(b) $\gamma=25.7$ kN/m^3

图 5-5　滑动变形计算值与实测值时程曲线

容重 γ 为 25.7 kN/m^{3}的码头的分析方法同上,根据试验测试的超静孔隙水压力曲线

近似取平均液化度 E_l 。$t=0\sim5.0$ s 时段，k_h 为 0.1 时，平均液化度 E_l 取值为 0.45，码头的旋转加速度门槛系数 k_{tr} 和滑动门槛加速度系数 k_{ts} 分别为 0.31 和 0.24；k_h 为 -0.1 时，k_{tr} 和 k_{ts} 分别为 0.4 和 0.36，表明在此时段里码头不做任何运动。$t=5.0\sim10.0$ s 时段，k_h 为 0.2，平均液化度 E_l 取为 0.6 时，码头的 k_{tr} 和 k_{ts} 分别为 0.27 和 0.18，k_h 为 -0.2 时，k_{tr} 和 k_{ts} 分别为 0.44 和 0.41，表明在此时段里也只有 k_h 为 0.2 时发生向外的滑动运动，所有的门槛系数都要比容重 γ 为 23 kN/m^3 的大。整个分析结果表明码头也是只产生滑动，计算结果如图 5-5(b)所示，基本规律同低容重的情况，但产生的滑动变形数值比低容重的小，残余滑动变形为 6.5 cm，比容重为 23 kN/m^3 的减小了 37%，与低容重一样比自身的测试值 5.3 cm 升高了 23%。计算结果表明，工程地震设计中，在其他条件不能改变的条件下，可以通过适当地提高码头自身的容重来达到抗滑的效果。

5.2.3 拟动力法计算合理性验证

拟动力法中采用的输入地震加速度为均匀的正弦波动，为了应用该计算方法分析问题，这里将 0 ~ 5.0 s 时段里加速度幅值线性增长的时程波动简化为幅值 0.1g 的规则波动，采用的输入地震波动时程曲线如图 5-6 所示，周期 $T=0.2$ s，输入的加速度频率 f 为 5 Hz 正弦波，持续时间为 10 s，$k_v=0$，墙与回填砂土之间的摩擦角取值同拟静力法，δ 取为 0.5 φ，土体放大系数取为 1.1，墙体放大系数取为 1.2。

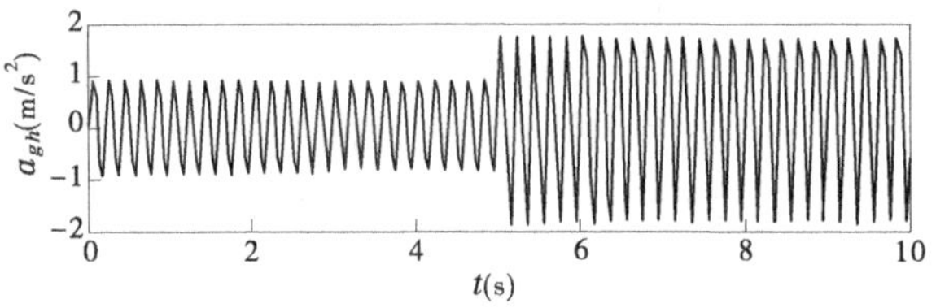

图 5-6 输入加速度时程曲线

将图 5-3 试验中测试的两条不同容重下的超静孔隙水压力比时程曲线数据按 Δt 为 0.05 s 的时间段取出，作为液化度计算时程曲线，用来计算作用在码头上的动土压力。图 5-7 为滑动变形的拟动力法计算值与实测值的比较，可以看出，5 s 之前的计算规律与测试规律相差甚大，从开始就产生滑动，滑动变形持续增长，主要是由于将逐步递增的地震载荷简化成了均匀的波动；5 s 之后，由于采用的地震载荷与试验输入的加速度波动一致，故变化规律基本一致，计算数值也与测试数据基本相近。图 5-7(a)是容重 γ 为 23 kN/m^3 的计算结果，最后的残余滑动变形为 9.3 cm，比测试值升高了 16%。图 5-7(b)是容重 γ 为 25.7 kN/m^3 的计算结果，规律与低容重的相近，数值上比低容重的小，残余滑动变形为 6.0 cm，比测试值升高了 13%。与拟静力法相比，拟动力法采用的地震输入加速度与测试输入的加速度一致时，计算出的变化规律更接近测试值，计算的残余变形也接近测试值。

5.2.4 图形法预测结果的验证

码头高 $H=26.4$ cm，由图 5-3 试验测得的超静孔隙水压力比时程曲线得知，容重 γ 为

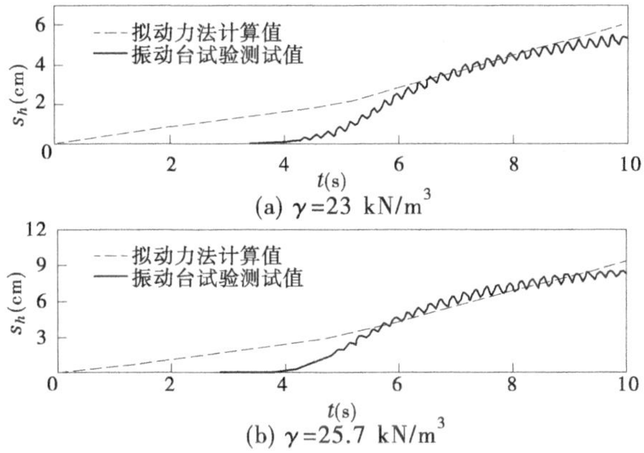

图 5-7　滑动变形计算值与实测值时程曲线

23 kN/m³情况下的孔隙水压力比从 0 发展到 0.85 后又降低到 0.28。当液化度取高值 0.85 时,根据平均拟合线的计算式(4-16)求得码头的残余滑动变形为 2.7 cm,比试验测试值 8.1 cm 降低了 67%;根据 90% 数据区域宽带上界线的拟合公式(4-19)预测出的滑动变形为 10.3 cm,比试验测试值升高了 29%。当液化度取中间值 0.56 时,根据 90% 数据区域宽带拟合上界线式(4-19)预测滑动变形为 6.9 cm,比试验测试值减小了 14%。具体预测结果比较如表 5-1 所示,计算结果表明,码头较低容重下,液化度取高值且采用图形中的平均拟合线预测出的结果较好,贴近试验测试值。

容重 γ 为 25.7 kN/m³的孔隙水压力比从 0 发展到 0.87 后又降低到 0.40。当液化度取高值 0.87 时,根据式(4-16)求得码头的滑动变形为 8.0 cm,比实测值 5.3 cm 升高了 51%;根据拟合下界线的式(4-22)预测出的滑动变形为 5.6 cm,比实测值升高了 6%。当液化度取中间值 0.6 时,根据式(4-16)求得码头的滑动变形为 1.6 cm,比实测值降低了 70%;根据拟合上界线的式(4-19)预测滑动变形为 2.3 cm,比实测值降低了 57%。具体预测结果比较见表 5-1,计算结果表明,码头较高容重下,液化度取高值且采用图形法中的拟合下界线预测出来的结果贴近试验测试值。

表 5-1　振动台试验模型的残余变形图形预测结果的比较

计算工况	液化度		拟合曲线	s(cm)			
				计算式	计算值	测试值	变幅(%)
γ =23 kN/m³	最高值	0.85	平均	式(4-16)	2.7	8.1	-67
			上界	式(4-19)	10.3	8.0	+29
	平均值	0.56	上界	式(4-19)	6.9	8.0	-14
γ =25.7 kN/m³	最高值	0.87	平均	式(4-16)	8.0	5.3	+51
			下界	式(4-22)	5.6	5.3	+6
	平均值	0.60	平均	式(4-16)	1.6	5.3	-70
			上界	式(4-19)	2.3	5.3	-57

5.3　120g - 离心振动台试验模型验证

5.3.1　模型与测试装置

采用文献[23]中的 120g - 离心振动台试验模型和测试成果。试验是在 Rensselaer 工科学院的 100g - t 的土工离心机上进行的,该离心机有一个直径 3 m 的飞台,最大能测试离心加速度为 100g - 1t 或者 200g - 0.5t 的有效载荷。用计算机系统控制的离心机振动器来传递基础激振动载荷。试验所采用的刚性模型箱内缘尺寸为 82.5 cm(长)×37 cm(宽)×35.8 cm(高),如图 5-8 所示,括号内为原型尺寸,单位为 m。模型墙尺寸为 10 cm(高)×8.33 cm(宽),用 120g 的离心加速度进行测试,因此代表的原型码头墙为 12 m(高)×10 m(宽),码头底部为 6 m 厚的砂性基础,地下水位位于地表面 1 m 之下。

原型回填砂土的侧向长为 71.6 m,回填范围足以观测模型共振的大变形。因此,回填砂土的变形以及码头与回填土间的相互作用能同时详细地得到测试。水平(AH)和竖向加速度计(AV)安置在码头内部、码头边以及回填砂土里,见图 5-7:码头共 6 个加速度计,2 个竖向加速度计安置在墙顶,2 个水平加速度计安置在墙前面,1 个水平和 1 个竖向加速度计安置在码头内重心处,这些加速度计用来测试和研究墙体的振动模式;回填砂土里安置了三个水平加速计(AH7、AH3 和 AH9),用来研究回填砂土的反应。1 个水平变形计(LHT)测试墙上水平变形,2 个竖向变形计(LV1 和 LV2)记录墙顶处的两侧变形。回填砂土的竖向表面沉降用 2 个 LVDT 计(LV3 和 LV4)记录。

模型码头墙体容重为 19.6 kN/m^3,6 个土压力计(EPC)(3 个安装在模型码头墙体的背面,另 3 个安装在码头底部)用来测试不同部位的整个接触压力。2 个孔隙水压力传感器(PPT)粘贴在墙后面,与土压力计同高,以便能相应计算出作用在墙体上的有效土压力;1 个 PPT 安装在墙体基底的中心,这 3 个 PPT 用来记录孔隙水压力时程变化。另外,2 个 PPT 也埋于回填砂土中,用于测试自由场地的孔隙水压力发展。试验模型合计共 25 个传感器。

针对土的不同渗透特性做了一系列的离心机模型试验,其中 QWTEST4 模型的地基土和回填土均采用 120 号内华达细砂(Nevada sand),平均粒径 D_{50}为0.15 mm,渗透系数为 5.5×10^{-5} m/s。本书采用渗透系数为 6.6×10^{-3} m/s 的饱和粗砂 QWTEST3 和干砂 QWTEST5 两种工况的试验数据进行分析,试验中是通过空中砂雨法制样地基和回填砂土,相对密实度 Dr 为 55%,模型里的孔隙水采用与原型孔隙水一致的黏滞系数。所有模型测试中离心机加速度都为 120g,基础激励载荷为 20 个循环、频率为 120 Hz 和波幅为 20g 的一致波动,相当于模型模拟原型的频率为 1 Hz、峰值为 0.16g 的加速度,原型的输入加速度时程曲线如图 5-9 所示。图 5-10 为粘贴在墙后面 2 个孔隙水压力传感器(PPT)测试的超静孔隙水压力比数值,将其应用到拟静力与拟动力方法中来预测与计算码头的地震残余变形。

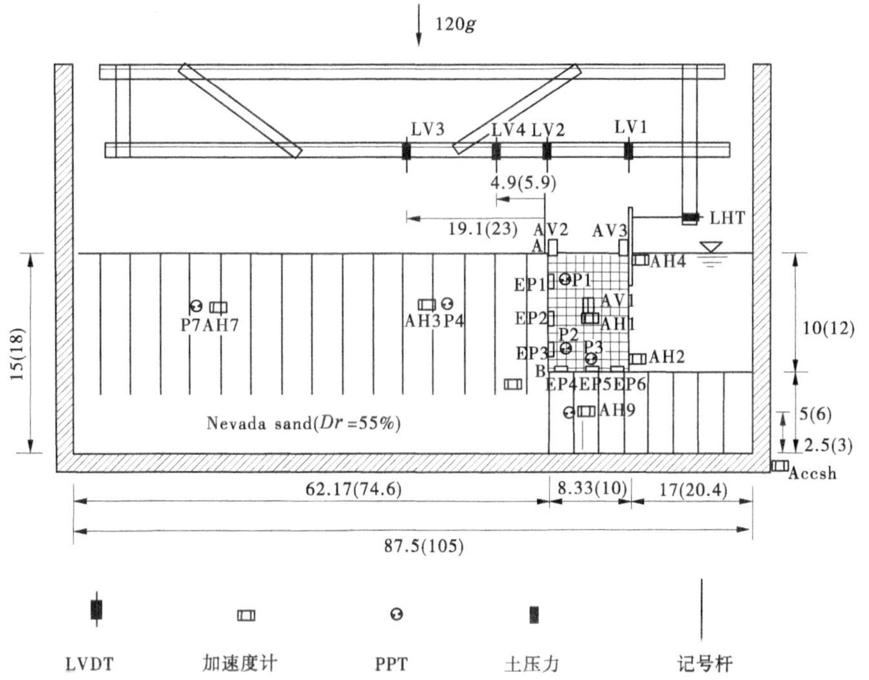

图 5-8　码头模型装置(模型尺寸:cm,原型:m)

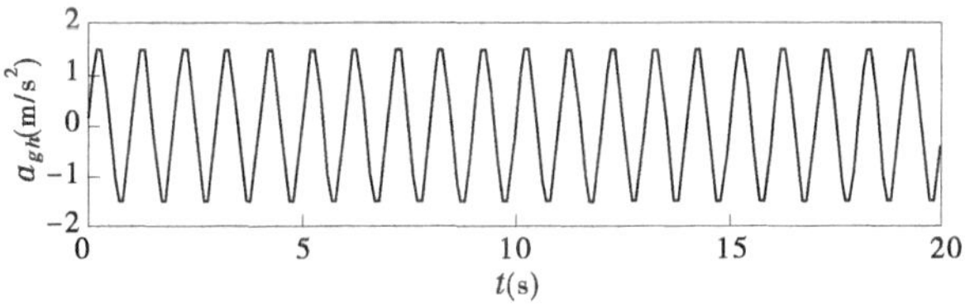

图 5-9　输入加速度时程曲线

5.3.2　拟静力法计算结果验证

拟静力法计算模型为图 5-8 的原型尺寸(括号内数据),水平地震系数 k_h 为 0.16,周期 T 为 1 s,持续时间为 20 s,QWTEST3 工况的超静孔隙水压力比试验测试值如图 5-10 所示,k_v 为 0。试验模型中没有砂土摩擦角 φ 、墙与回填砂土之间的摩擦角 δ 以及码头与地基基础接触面间的摩擦角 φ_B 的参数值,由于回填砂土相对密实度为 55%,根据 1g 振动台试验的土性参数,可近似推出这里的 φ 和 δ 分别为 35°和 12.5°,φ_B 为 15°,回填砂土饱和容重取为 20 kN/m^3,实际码头容重取 1.2 倍的模型容重,数值为 23.5 kN/m^3。

对于 QWTEST3 工况,将图 5-10 中的液化度 E_l 进行简化,并取 P1 和 P2 的平均值。t = 0 ~ 6.0 s,P1 的平均液化度 E_l 为 0.4,P2 的平均液化度 E_l 为 0.2,则该时段的平均液化度 E_l 为 0.3,码头的旋转加速度门槛系数 k_{tr} 和滑动门槛加速度系数 k_{ts} 分别为 0.08 和 0.73,表明码头以滑动运动开始且不会再产生旋转运动,a_{gv} 为 0,该时段的地基运动速度

为时间函数 $v_{gh}=1.6t$，而 $t=6$ s 时的计算滑动速度 v_{oh} 为1.9 m/s，滑动变形 s 为0.43 m，而 v_{gh} 为9.6 m/s，v_{oh} 远小于 v_{gh}，滑动运动将仍然进行。$t=6.0\sim15.0$ s，P1 的平均液化度 E_l 为0.3，P2 的平均液化度 E_l 为0.15，则该时段的平均液化度 E_l 为0.23，码头的旋转加速度门槛系数 k_{tr} 和滑动门槛加速度系数 k_{ts} 分别为0.75 和0.09，表明码头持续做滑动运动，$t=15$ s 时的计算滑动变形 s 为1.35 m，滑动速度 v_{oh} 为20.7 m/s，而 v_{gh} 为24 m/s，v_{oh} 远小于 v_{gh}，滑动运动将仍然进行。$t=15.0\sim20.0$ s 时段里，P1 的平均液化度 E_l 为0.15，P2 的平均液化度 E_l 为0.1，则该时段的平均液化度 E_l 为0.18，码头的旋转加速度门槛系数 k_{tr} 和滑动门槛加速度系数 k_{ts} 分别为0.75 和0.1，表明码头继续做滑动运动，$t=20$ s 时的计算滑动变形 s 为1.4 m，滑动速度 v_{oh} 为30.2 m/s，而 v_{gh} 为32 m/s，v_{oh} 还未达到 v_{gh}，滑动运动结束仍需一段时间。$t=20$ s 后，没有了惯性力与地基运动惯性矩，码头滑动开始减慢，当 v_{oh} 达到 v_{gh} 时还需0.8 s，即在 $t=20.8$ s 时，滑动运动结束，最后的残余滑动变形为1.43 m。当 k_h 为 -0.16 时，各个时段的滑动门槛系数分别为0.20、0.21 和0.22，码头都不会产生滑动。

地震动开始到码头运动结束的整个时段的滑动变形计算结果时程曲线如图 5-11(a)所示，计算滑动变形开始一段时间与试验测试值的规律有些不一致，但之后预测的规律基本一致，随着时程增加的趋势变缓；计算的滑动残余变形为1.41 m，比试验测试值0.72 m升高了99%。

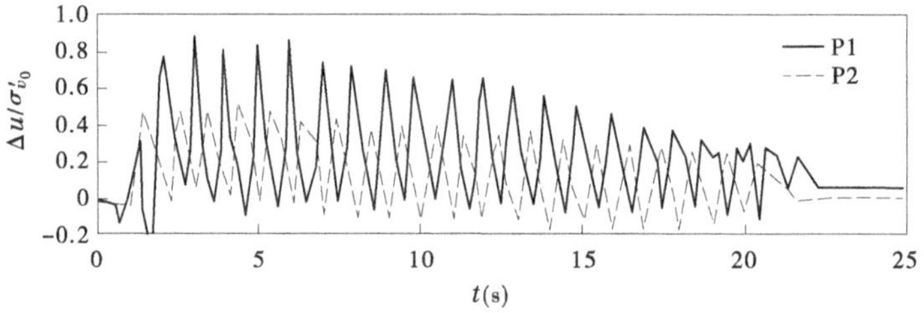

图 5-10　墙后 P1 和 P2 超静孔隙水压力比的测试值(QWTEST3)

对于 QWTEST5 工况，干砂的液化度为0，码头的旋转加速度门槛系数 k_{tr} 和滑动门槛加速度系数 k_{ts} 分别为0.13 和0.78，表明码头以滑动运动开始且不产生旋转运动，a_{gv} 为0，该时段的地基运动速度为时间函数 $v_{gh}=1.6t$，而 $t=20$ s 时地震波动结束，此时刻的计算滑动速度 v_{oh} 为30.7 m/s，滑动变形 s 为0.17 m，而 v_{gh} 为32 m/s，v_{oh} 还没完全达到 v_{gh}，滑动运动还未结束，还需0.5 s，即在 $t=20.5$ s 时，滑动运动结束，最后的残余滑动变形为0.20 m。地震动开始到码头运动结束的整个时段滑动变形计算结果时程曲线如图 5-11(b)所示，计算残余变形为0.2 m，数值比试验测试值0.1 m 升高了100%。

通过对两个工况的计算比较可见，液化度虽然较低，码头产生的滑动变形与回填砂土为干砂时产生的变形相差仍然甚大，这一点从计算结果和试验测试结果都可以看出，表明回填砂土中孔隙水在地震过程中对码头残余变形具有重要的影响。码头的测试残余角变形在0.4°~1.0°内，计算与分析的结果表明了当码头旋转相对较小时，拟静力法不能预测出旋转角变形。

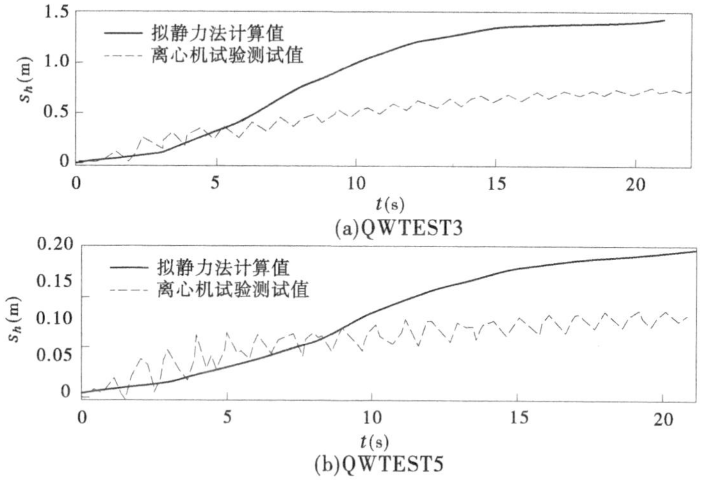

图5-11　滑动变形计算值与实测值时程曲线

5.3.3　拟动力法合理性的验证

拟动力法中采用的输入地震加速度为图5-12的正弦波动,周期 $T=1$ s,输入的加速度频率 f 为1 Hz正弦波,持续时间为20 s, $k_v=0$,墙与回填砂土之间的摩擦角取值同拟静力法, δ 取为0.5 φ ,土体放大系数取为1.1,墙体放大系数取为1.2。将如图5-10所示试验中测试的两条不同位置处的超静孔隙水压力比时程曲线数据按0.05 s的时间段取出后,再取平均值作为计算时程曲线,如图5-12所示,以此平均孔压曲线来计算作用在码头上的动土压力和残余变形。

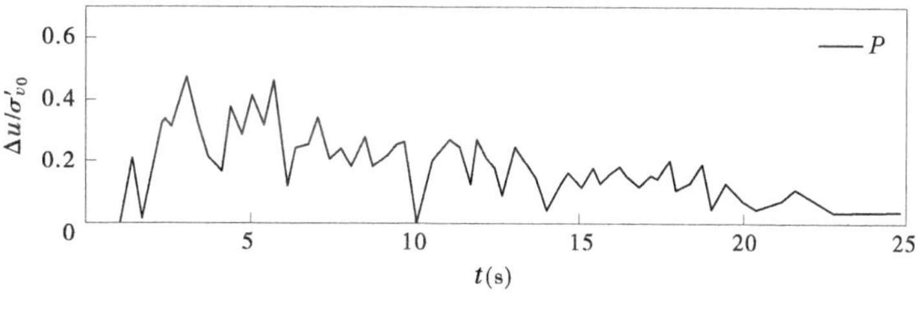

图5-12　墙后P1和P2的超静孔隙水压力比平均值(QWTEST3)

图5-13为两种工况下的拟动力法的计算滑动变形结果与离心机试验测试值的比较,图(a)是QWTEST3工况的计算结果,计算规律与试验测试规律相近,开始阶段是较大幅度的增大,之后的增长幅度有所减弱,最后的残余变形为0.94 m,比测试值0.72 m升高了30%。这说明当拟动力法采用的地震波动与原始模型的地震载荷一致时,预测效果较好。图(b)是QWTEST5工况的计算结果,计算规律也与试验测试规律相近,开始阶段是较大幅度的增大,之后增长速度趋于平缓,但计算数值相对测试值高得多,计算的残余滑动变形为0.18 m,比测试值0.1 m升高了80%。

图5-14为旋转角变形的拟动力计算值与实测值的比较,图(a)是QWTEST3工况的

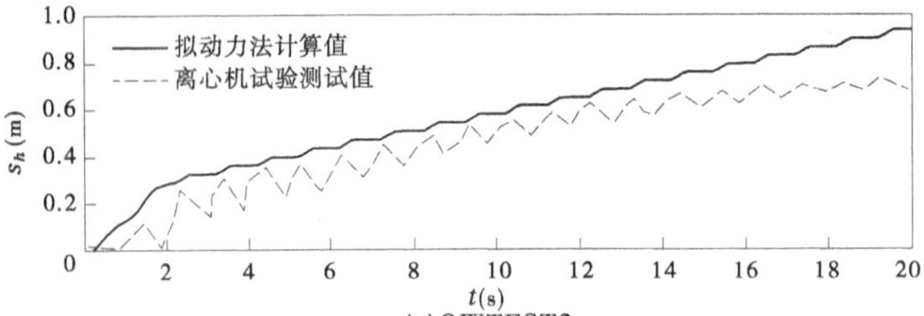

(a)QWTEST3

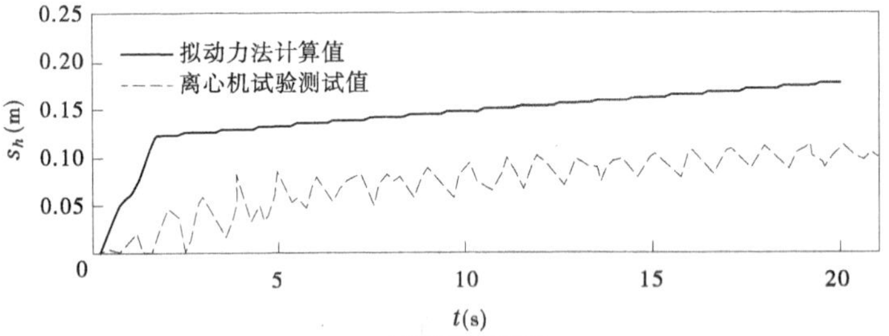

(b)QWTEST5

图 5-13　滑动变形计算值与实测值时程曲线

角变形计算结果，同滑动变形，计算规律与试验测试规律基本一致，开始阶段以较大幅度增长，之后趋于一常数值，与保持在同一水平下进行波动的测试值相近，计算的残余角变形为 1.17°，比试验测试值 0.92°升高了 27%。图(b)是 QWTEST5 工况的计算结果，计算规律与试验测试规律也有一定的相似性，开始阶段是较大幅度的增大，之后趋于一常数值，与测试的波动数值相差较远，计算的残余角变形为 0.22°，比试验测试值 0.13°升高了约 69%。

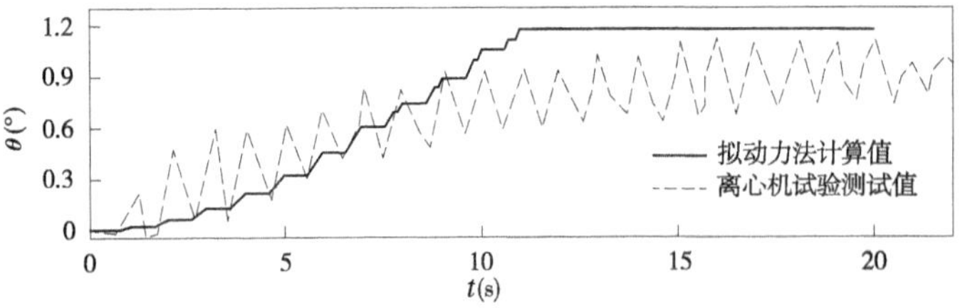

(a)QWTEST3

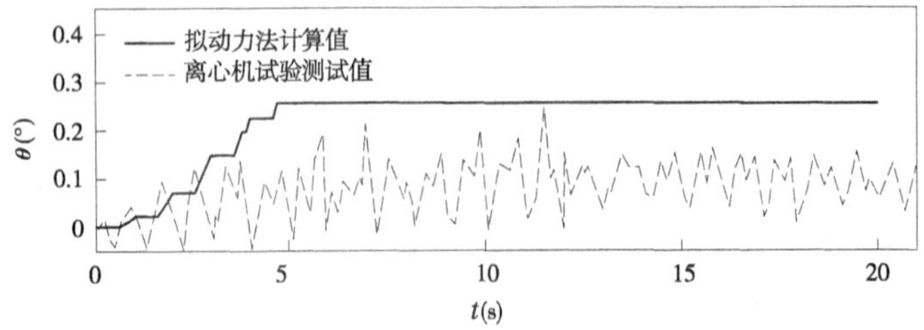

(b)QWTEST5

图 5-14　旋转角变形计算值与实测值时程曲线

5.3.4　图形预测法的合理性验证

码头高 $H = 12$ m,对于 QWTEST3 工况,由图 5-12 试验测得的墙后回填砂土的平均超静孔隙水压力比时程曲线得知,孔隙水压力比从 0 到 0.5 之间波动发展。当液化度 E_l 取高值 0.5 时,根据平均拟合公式(4-16)求得码头残余滑动变形为 1.70 m,比实测值 0.72 m 升高了 136%;根据平均拟合公式(4-18)求得码头残余角变形为 1.58°,比实测值 0.92°升高了 180%;根据 90% 数据区域宽带拟合下界线公式(4-22)预测出的滑动变形为 0.75 m,比实测值降低了 4%,根据拟合下界线公式(4-24)预测出的角变形为 0.73°,比实测值 0.92°降低了 26%。当液化度取平均值 0.25 时,根据式(4-16)求得码头的滑动变形为 1.0 m,比实测值 0.72 m 升高了 33%,根据式(4-18)求得码头残余角变形为 1.62°,比实测值 0.92°升高了 76%;根据拟合下界线式(4-22)和式(4-24)预测出的滑动变形和角变形分别为 0.33 m 和 0.28°,分别比实测值降低了 54% 和 70%。预测结果的比较如表 5-2 所示,结果表明回填砂土液化度较低时,采用高液化度和拟合下界线预测出的残余变形结果较好,与实测值贴近。

对于 QWTEST5 工况,液化度为 0,根据平均拟合公式(4-16)求得码头的残余滑动变形为 0.6 m,与实测值 0.12 m 相差很大;根据下界线公式(4-22)求得码头的残余滑动变形为 0.14 m,比实测值高了 16%;根据式(4-18)求得码头的残余角变形为 1.01°,比实测值 0.13°升高了 677%;根据下界线公式(4-24)求得码头的残余角变形为 0.11°,比实测值 0.13°降低了 15%。具体预测结果的比较见表 5-2,计算结果表明,对于干性回填砂土的重力码头,采用图形法中的拟合下界线预测出的残余变形结果较好。

表 5-2　离心机试验模型的残余变形图形预测结果的比较

计算工况	液化度	拟合曲线	s(m)				θ(°)			
			计算式	计算值	测试值	变幅(%)	计算式	计算值	测试值	变幅(%)
QWTEST3	0.50	平均	式(4-16)	1.70	0.72	+136	式(4-18)	2.58	0.92	+180
		下界	式(4-22)	0.75	0.72	+4	式(4-24)	0.73	0.92	-21
	0.25	平均	式(4-16)	1.00	0.72	+39	式(4-18)	1.62	0.92	+76
		下界	式(4-22)	0.33	0.72	-54	式(4-24)	0.28	0.92	-70
QWTEST5	0	平均	式(4-16)	0.60	0.12	+400	式(4-18)	1.01	0.13	+677
		下界	式(4-22)	0.14	0.12	+17	式(4-24)	0.11	0.13	-15

5.4　三种方法计算结果的比较

将 5.2 节中码头振动台试验模型的残余变形计算结果列于表 5-3 中,由于没有角变形的测试值,这里只计算了残余滑动变形,表中的图形预测法的结果为分析出来最贴近试验测试值结果。表中的变幅(%)指的是计算预测值比振动台测试值升高或降低了多少。

表 5-3　振动台试验模型的残余变形计算结果比较

计算方法		残余变形 s(cm)		
		计算值	测试值	变幅(%)
γ =23 kN/m^3	拟静力法	10.4	8.0	+30
	拟动力法	9.3	8.0	+16
	图形预测法	2.7	8.1	-5
γ =25.7 kN/m^3	拟静力法	6.5	5.3	+23
	拟动力法	6.0	5.3	+13
	图形预测法	5.6	5.3	+6

将5.3节中码头离心机试验模型的残余变形计算结果列于表5-4中，表中的图形预测法的结果为最贴近试验测试值的结果。表中变幅(%)指的是计算预测值比离心机试验测试值升高或降低了多少。

表 5-4　离心机试验模型的残余变形计算结果比较

计算方法		s(m)			θ(°)		
		计算值	测试值	变幅(%)	计算值	测试值	变幅(%)
QWTEST3	拟静力法	1.41	0.72	+99	—	0.92	—
	拟动力法	0.94	0.72	+30	1.17	0.92	+27
	图形预测法	0.75	0.72	-4	0.73	0.92	-26
QWTEST5	拟静力法	0.20	0.12	+100	—	0.13	—
	拟动力法	0.18	0.12	+80	0.22	0.13	+69
	图形预测法	0.14	0.12	+16	0.11	0.13	-15

比较前面计算的变形时程曲线和表5-3与表5-4的残余变形计算结果，可得出：

(1)拟静力法预测的滑动变形时程规律大体上与测试值一致，计算的残余滑动变形在三者中最大，较保守；当码头旋转角度较小时，拟静力法不能预测出角变形。计算结果表明在偏于安全的设计中，拟静力法预测码头残余变形是个比较适用的方法。

(2)拟动力法预测变形时，当计算中采用的地震动输入加速度与试验相同时，预测出的变形时程变化规律与测试值规律具有较好的一致性，且残余滑动变形的预测结果接近测试值；当采用的计算地震波动与实际相差较大时预测出的滑动变形规律与实测值相差较大。计算结果表明对于均匀波动的地震载荷，拟动力法是个比较理想的方法。

(3)图形预测法随机性较大，但可根据实际工况选择合适的液化度和图形拟合公式来预测出最可靠的残余变形；较低容重的码头，液化度取高值且采用图形中的平均拟合线预测出的结果较好；较高容重的码头，液化度取高值且采用图形法中的拟合下界线预测出的结果贴近测试值；回填土液化度较低时，采用高液化度和拟合下界线预测出的残余变形结果较好；干性回填砂土的重力码头，采用图形中的拟合下界线能较好地预测出码头的残余变形。

(4)两个不同的动力模型试验的验证结果表明三种计算方法具有各自的优缺点,并具有一定的合理性和可靠性。

5.5　震害实例预测——Kobe 地震中沉箱码头

5.5.1　工程概况

沉箱码头受灾剖面如图5-15所示[42],同第1章的例证2,实线为地震前轮廓,虚线为地震后的变形轮廓。沉箱码头高为18 m,宽为12 m,容重为21 kN/m^3,码头前水深取低水位时对应的水深为14 m。回填砂土容重为18 kN/m^3,内摩擦角为36°,地下水位在地表下4 m;置换砂容重为18 kN/m^3,内摩擦角为37°。图5-16为地震发生时,在神户市港岛地下32 m深度处记录到的地震加速度时程曲线,最大水平和竖向加速度分别为5.44 m/s^{2}和1.0 m/s^2,相当于0.56g和0.2g。图5-17为动力有限元数值分析出的回填砂土的超静孔隙水压力比时程曲线分布,回填砂土液化度很高,基本已达到液化。

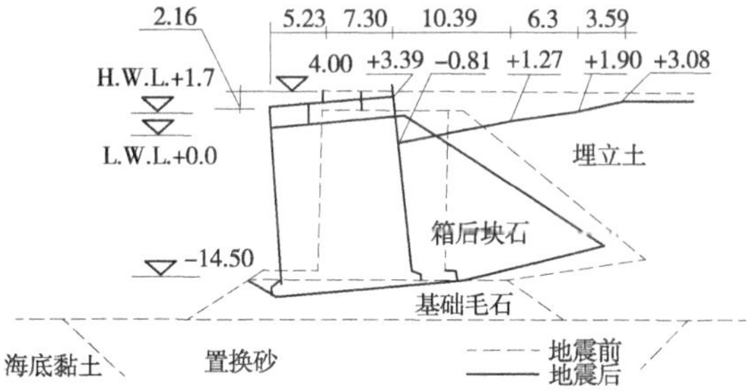

图5-15　沉箱码头剖面及受灾状态　(单位:m)

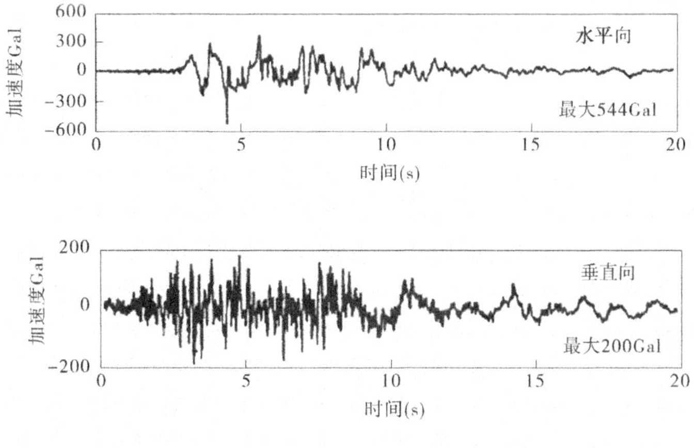

图5-16　加速度记录曲线

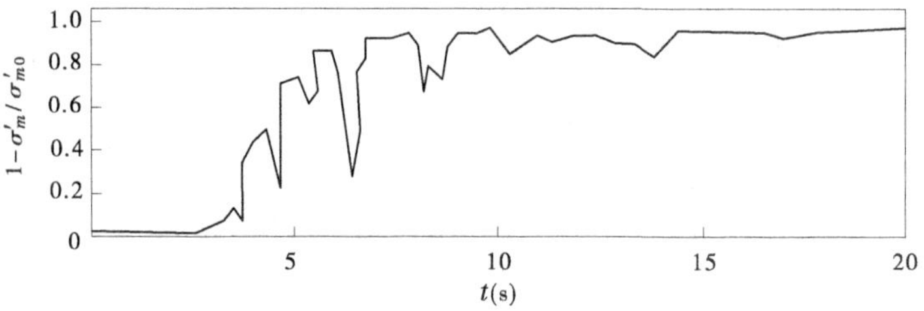

图 5-17 回填砂土的超静孔隙水压力比的时程分布

5.5.2 拟静力法计算

计算中将图 5-16 记录的地震波输入加速度时程曲线按等效水平地震系数 k_h 与竖向地震系数 k_v 分时段简化,同时将图 5-17 中根据动力有限元数值计算出的超静孔隙水压力比时程曲线按液化度 E_l 分时段简化,近似取各个时段的代表值作为计算值。$t=0\sim2.5$ s 时段里,k_h 取 0,k_v 取 0.05,E_l 为 0;$t=2.5\sim10.0$ s 时段里,k_h 取 0.3,k_v 取 0.15,E_l 取为 0.7;$t=10.0\sim15.0$ s 时段里,k_h 取 0.15,k_v 取 0.1,E_l 取 0.85;$t=15.0\sim20.0$ s 时段里,k_h 取 0.05,k_v 取 0.05,E_l 取 0.9。南北向、垂直向的加速度的时程等效计算系数如图 5-18 所示,液化度的近似取值如图 5-19 所示。由于没有墙与回填砂土间的摩擦角 δ 以及码头与地基基础接触面间的摩擦角 φ_B 两参数,这里 δ 取为 0.5 φ,数值为 18°,φ_B 近似取为 25°。

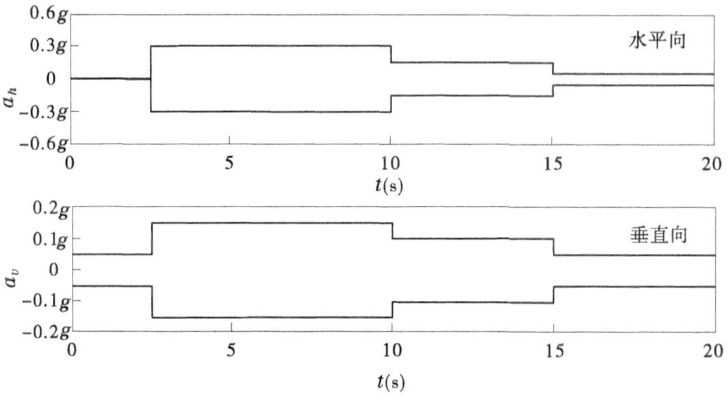

图 5-18 简化的输入加速度时程

$t=0\sim2.5$ s,由于 k_h 为 0,k_v 为 0.05,E_l 为 0,计算出的地震角 ψ 为 0°,主动侧压力系数 K_{ae} 为 0.3,码头的旋转门槛加速度系数 k_{tr} 和滑动门槛加速度系数 k_{ts} 分别为 0.68 和 0.42,则此时段不做任何运动;$t=1.5\sim10.0$ s,k_h 取 0.3,k_v 取 0.15,E_l 取 0.7,k_{tr} 和 k_{ts} 分别为 0.53 和 0.25,表明此时段码头做滑动运动,故后面不会再产生旋转;$t=10.0\sim15.0$ s,k_h 取 0.15,k_v 取 0.1,E_l 取 0.85,k'_{tr} 和 k_{ts} 分别为 0.23 和 0.59,表明此时段码头不产生运动;$t=15.0\sim20.0$ s,k_h 取 0.05,k_v 取 0.05,E_l 取 0.9,k'_{tr} 和 k_{ts} 分别为 0.22 和 0.64,此时段里码头不产生任何运动。当地震系数均取为负值时,门槛系数都较高,不产生运动,与拟静力法的基本假定一致,即码头不会朝向墙后回填砂土的方向运动。因此,采用拟静

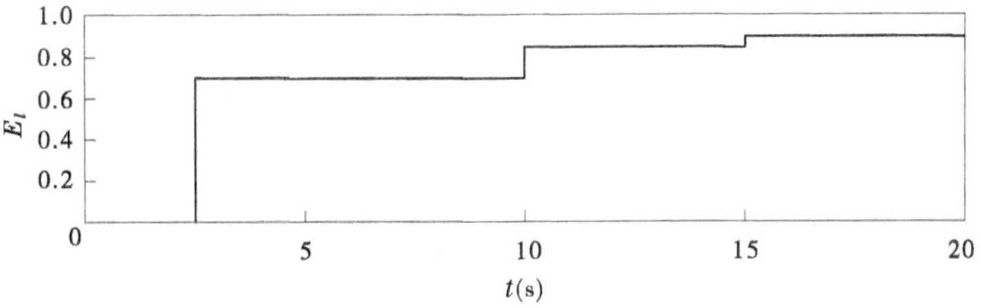

图 5-19　简化的液化度时程

力法分析得出:码头只有在 2.5 ~ 10.0 s 时段里发生滑动运动,10 s 之后可能会继续滑动一段时间,由下面分析得知运动停止时间。

t = 1.5 ~ 10.0 s,初始旋转加速度 α 、旋转角速度 ω 和 a_{gv} 均为 0,t_0 = 1.5 s,时间间断 Δt 取为 0.1 s,该时段的地基运动速度为时间函数: $v_{gh} = 3.0\ t$;输出 t_0 到 t_{75} 的计算结果,得出 t = 10 s 时的滑动速度 v_{oh} 为 21 m/s,滑动位移 s 为 3.1 m;而 v_{gh} 为 30 m/s,此时段 v_{oh} 未赶上 v_{gh} ;当 v_{oh} 赶上 v_{gh} 时还需要 1.5 s,即 t = 13.6 s 时,码头停止运动,输出 t_{76} 到 t_{111} 的计算结果,最后的残余滑动位移为 1.2 m。地震动开始到码头运动结束的整个时段的滑动位移计算结果时程曲线如图 5-20 所示,同时给出动力有限元分析的时程变化。

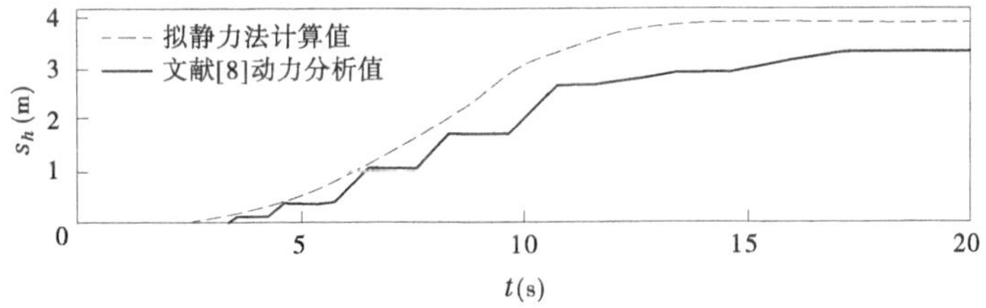

图 5-20　拟静力法计算与动力有限元分析的滑动位移时程曲线

从图 5-20 中可以看出,拟静力法的滑动位移计算规律与文献[8]的数值分析结果大体一致,大约都在 1.5 s 之后开始滑动,表明了拟静力分析方法的合理,且在 8 s 之前数据相近;但拟静力法在 15 s 之前滑动运动就已停止,而数值分析在 17 s 左右才停止,但残余滑动位移比数值分析升高了 23%,停止时间的差别以及数值的差别是由于拟静力法计算中所取的简化的地震载荷和简化的液化度。分析结果表明,拟静力分析方法具有一定的合理性和可靠性,计算结果偏于安全。

5.5.3　拟动力法计算

拟动力法中采用的输入地震加速度为一规则均匀变化的正弦波动,为了应用该计算方法分析震害实例,这里将 0 ~ 2.5 s 时段里南北向的水平输入地震加速度取为 0;2.5 ~ 10.0 s 时段的水平地震加速度系数近似取幅值系数 k_h 为 0.3、周期 T 为 0.3 s 的 25 个循环波数的正弦波;10.0 ~ 15.0 s 时段水平地震加速度近似取幅值系数 k_h 为 0.15、周期 T 为 0.5 s 的 10 个循环波数的正弦波;15.0 ~ 20.0 s 时段水平输入加速度取幅值系数 k_h 为 0.05、周期 T 为 0.5 s 的 10 个循环波数的正弦波。0 ~ 2.5 s 时段里垂直向的输入地震加速度取幅值系数 k_v 为 0.05、周期 T 为 0.25 s 的 10 个循环数的正弦波;2.5 ~ 10.0 s 时段的垂直向地震加速度近似取幅值系数 k_v 为 0.15、周期 T 为 0.2 s 的 38 个循环波数的正弦波；10.0 ~ 15.0 s 时段垂直向地震加速度近似取为幅值系数 k_v 为 0.1、周期 T 为 0.5 s 的 10 个循环波数的正弦波；15.0 ~ 20.0 s 时段垂直向输入加速度取为幅值系数 k_v 为 0.05、周期 T 为 0.5 s 的 10 个循环波数的正弦波。南北向和垂直向的等效正弦地震波时程变化曲线如图 5-21 所示。

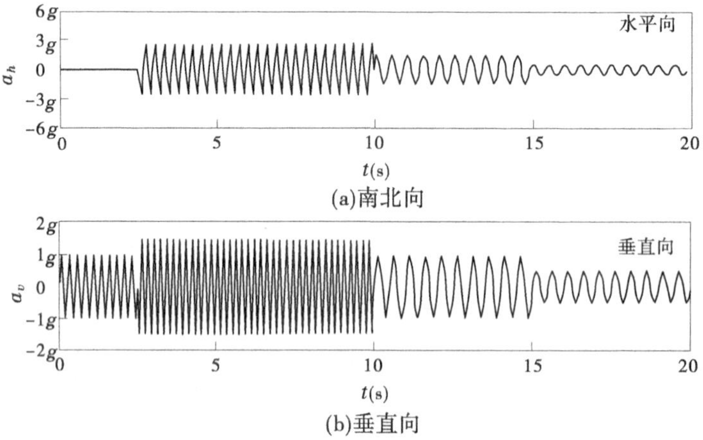

(a)南北向

(b)垂直向

图 5-21　简化的输入加速度正弦波时程

墙与回填砂土之间的摩擦角取值同拟静力法，δ 取为 0.5φ，土体放大系数取为 1.1，墙体放大系数取为 1.2。将图 5-17 记录的数值分析的超静孔隙水压力比时程曲线按地震波动输入的时间间隔依次取出相应的数据点，用于码头上的动土压力时程计算中。

图 5-22 为滑动位移的拟动力法计算值与动力有限元动力分析值之间的比较，可以看出，滑动位移的时程变化规律与文献[8]的数值分析规律基本相似。计算曲线的变化规律是：码头从 1.5 s 开始滑动，滑动位移以较大的幅度增长；1.5 ~ 10 s 时段里，计算值一直远高于有限元分析值；10 s 时刻滑动位移为 3.1 m，比数值分析值 1.2 m 升高了 40%；10 s 之后滑动位移增加的幅度变小，增长缓慢，在 15 s 之后为不变常数，地震动结束时刻，即 $t = 20$ s时，码头的残余滑动位移为 3.5 m，与动力分析值相近，升高了 3%。计算规律上的差异主要是拟动力法载荷的简化，使得计算结果会在某时段偏大，而在另一时段偏小。

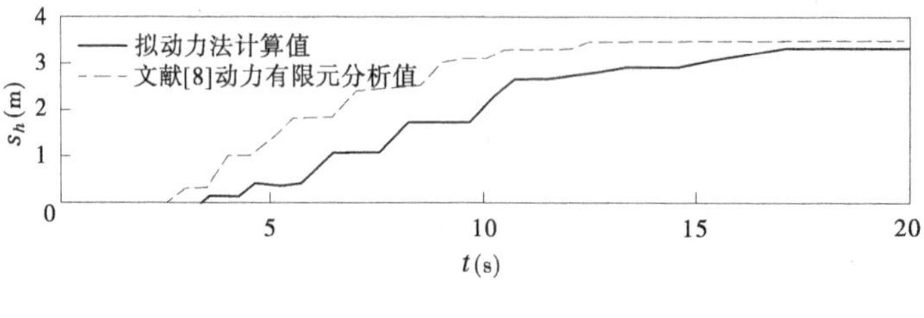

图 5-22　拟动力法计算与动力有限元分析的滑动位移时程曲线

图 5-23 为拟动力法计算出的角位移时程曲线。由图可见：角位移随着时程逐渐增大，从 1.5 s 时开始产生旋转运动；10 s 之后由于输入地震动波动幅度的减弱，角位移增长的幅度变小，增加趋势变缓；地震动结束时刻的残余角位移为 3.7°，比数值分析计算的

残余角位移 3.2°升高了 16%。计算结果表明拟动力法计算出的角位移具有一定的可靠性。

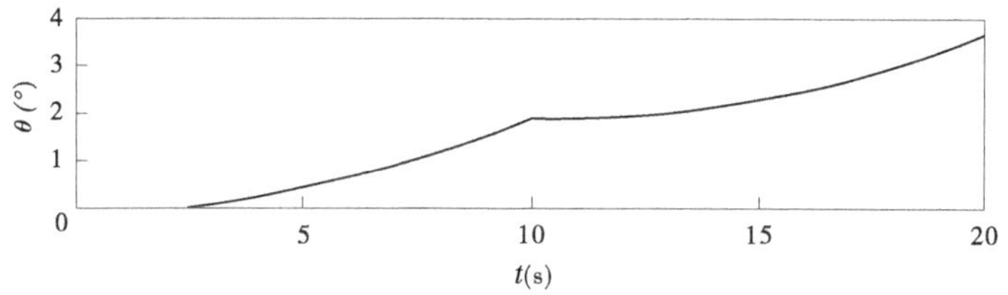

图 5-23　拟动力法计算的角位移时程曲线

5.5.4　图形预测法的合理性验证

码头高 H 为 18 m,由图 5-17 记录的数值分析的超静孔隙水压力比时程曲线得知,孔隙水压力比 10 s 前波动变化,从 0 波动到 0.9,之后一直持续在 0.9 左右。当液化度取高值 0.9 时,根据平均拟合公式(4-16)求得码头的残余滑动位移为 3.89 m,比文献[8]数值分析值 3.41 m 升高了 14%;根据 90% 数据区域的宽带拟合下界线公式(4-22)预测的滑动位移为 1.83 m,比数值分析值降低了 17%。当液化度取中间值 0.45 时,根据平均拟合公式(4-16)求得码头的滑动位移为 1.53 m,与数值分析值相差较大,降低了 55%;根据 90% 数据区域的宽带拟合上界线公式(4-19)预测出的滑动位移为 5.92 m,比数值分析值升高了 74%。详细的预测结果如表 5-5 所示,预测结果表明,当液化度取高值时采用图形预测法中的平均拟合线的效果较好,预测的残余滑动位移与数值分析值较接近。

当液化度取高值 0.9 时,根据平均拟合公式(4-18)求得码头的残余角位移为 5.5°,比文献[8]数值分析值 3.2°升高了 72%;根据 90% 数据区域宽带拟合下界线公式(4-24)预测角位移为 3.3°,比数值分析 3.2°升高了 3%。当液化度取中间值 0.45 时,根据平均拟合公式(4-18)求得码头的残余角位移为 1.4°,比数值分析值降低了 25%;根据 90% 数据区域宽带拟合上界线式(4-21)预测角位移为 1.7°,比数值分析 3.2°降低了 16%。详细的预测结果如表 5-5 所示,预测结果表明当液化度取高值时采用数据区域的拟合下界线预测的残余角位移与数值分析值较接近。

表 5-5　震害实例的残余变形图形预测结果的比较

液化度	拟合曲线	s				θ			
		计算式	计算值(m)	文献[8](m)	幅值(%)	计算式	计算值(°)	文献[8](°)	幅值(%)
0.90	平均	式(4-16)	3.89	3.41	+14	式(4-18)	5.5	3.2	+72
	下界	式(4-22)	2.83	3.41	−17	式(4-24)	3.3	3.2	+3
0.45	平均	式(4-16)	1.53	3.41	−55	式(4-18)	2.4	3.2	−25
	上界	式(4-19)	5.92	3.41	+74	式(4-21)	2.7	3.2	−16

5.5.5　三种方法预测结果的讨论

从预测的时程变化规律来看,拟静力法在前段时间里的预测时程规律较好,较贴近数值分析值,但后期预测规律相差较远些;拟动力法在前段时间里的预测规律与数值分析值相差较远些,但变化规律很相似,到了后期预测规律较接近,效果较好。

表5-6为三种方法预测沉箱码头震害实例的残余位移结果与文献[8]的动力分析结果的比较,表中的图形法计算值为前面分析和讨论后的最理想的震害预测值。表中变幅(%)指的是计算预测值比文献[8]里动力分析值升高或降低了多少。图5-24为三种方法预测的残余位移与震害调查平均值(沉箱顶部水平残余位移为3.5 m,海侧倾斜角为4°)间的直观比较图示,因拟静力法未能预测出码头的角位移,图中只有5个数据点。

表5-6　震害实例的残余变形计算结果比较

计算方法	s			θ		
	计算值(m)	文献[8](m)	变幅(%)	计算值(°)	文献[8](°)	变幅(%)
拟静力法	1.20	3.41	+23	—	3.2	—
拟动力法	3.50	3.41	+3	3.7	3.2	+16
图形预测法	3.89	3.41	+14	3.3	3.2	+3

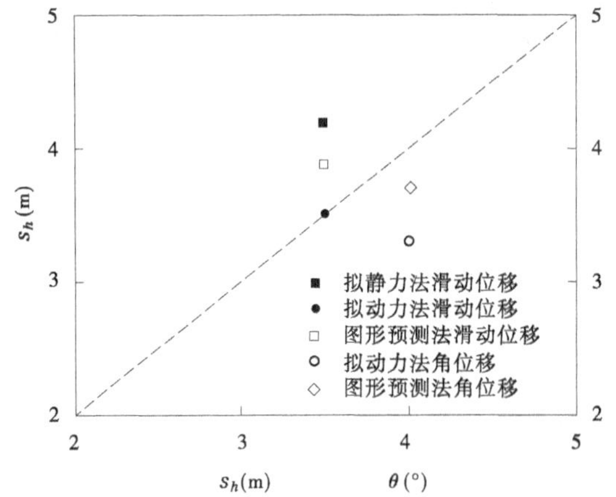

图5-24　三种方法预测的残余位移预测值与震害调查平均值比较

由表5-6和图5-24中计算结果可以看出,三种计算方法的计算结果较理想,计算的残余位移都在震后观测值范围内(沉箱顶部水平残余位移最大达5 m,平均为3.5 m,海侧倾斜角3°~5°);图形预测的结果最接近数值分析值和震害平均值;拟动力法预测的整体效果较理想,残余滑动位移的计算值与震害平均值一致,残余角位移偏差也较小;拟静力法预测效果相对差些,除未能预测角位移外,滑动位移的预测值相对震害平均值相差也较大些。

5.6　本章小结

本章主要是采用1g-振动台和120g-离心机的两个动力试验模型的测试数据和结合阪神地震中的一典型沉箱码头受灾实例对拟静力法、拟动力法以及图形预测法的合理性和可靠性进行了验证，计算与分析的结果表明了三种计算方法具有各自的优缺点，均有一定的合理性和可靠性，详细的研究结论如下：

（1）三种计算方法对两个不同的动力模型试验模拟出来的基本规律是一致的；振动台试验的模拟结果显示在工程地震设计中，其他条件不变的条件下，可以适当地提高码头自身的容重来达到抗滑的效果；离心机试验不同工况下的计算结果表明回填砂土液化度虽较低，但码头产生的残余水平变形明显高于回填砂土为干砂时码头的变形，表明回填砂土中孔隙水对码头地震残余变形的影响较大。

（2）拟静力法预测的滑动变形时程变化规律大体上与测试值一致，由于地震载荷的等效简化，计算出的残余滑动变形有些偏大，比较保守，在安全保守设计中，拟静力法预测码头残余变形是个比较适用的方法；但当码头旋转角度较小时，拟静力法不能预测出旋转角变形。

（3）拟动力法预测变形时，当计算中采用的地震加速度与试验相同时预测出的变形时程变化规律与测试值规律具有较好的一致性，且残余滑动变形的预测结果比拟静力法更接近测试值；当采用的计算地震波动与实际相差较大时预测出的滑动变形规律与实测值相差较大，表明对于均匀波动的地震载荷，拟动力法是个比较理想的方法。

（4）图形预测法随机性较大，但可根据实际工况选择合适的液化度和图形拟合公式来预测出最可靠的残余变形；较低容重的码头，液化度取高值且采用图形法中的平均拟合线预测出的结果较好；较高容重的码头，液化度取高值且采用图形法中的拟合下界线预测出的结果贴近测试值；回填土液化度较低时，采用高液化度和拟合下界线预测出的残余变形结果较好；干性回填砂土的重力码头，采用图形法中的拟合下界线能较好地预测出码头的残余变形。

（5）三种计算方法预测灾害实例的效果较理想，预测的残余水平位移和残余角位移都在震后观测值范围内。拟静力法在前段时间里预测的残余位移随着时程变化的规律较好，较贴近数值分析值，但后期预测规律相差较远些；拟动力法在前段时间里的预测规律与数值分析值相差较远些，但变化规律相似，到了后期预测规律较接近，效果较好。图形预测的结果较好；拟动力法预测的整体效果较好，预测的残余位移偏差不大；拟静力法预测效果相对差一点，除未能预测旋转角位移外，滑动位移的预测值相对震害平均值相差也较大些。

参考文献

[1] 叶海林，郑颖人，杜修力，等. 边坡动力破坏特征的振动台模型试验与数值分析[J]. 土木工程学报，2012，45：128-135.

[2] 张景,何川,耿萍,等.穿越软硬突变地层盾构隧道纵向地震响应振动台试验研究[J].岩石力学与工程学报,2017,36:68-72.

[3] 殷琳,楼梦麟,康帅.地下结构地震反应的振动台模型试验研究[J].同济大学学报(自然科学版),2015,43:1471-1479.

[4] 杨正权,刘小生,汪小刚,等.高土石坝地震动力反应特性大型振动台模型试验研究[J].水利学报,2014,45:1361-1371.

[5] 安军海,陶连金,王焕杰,等.可液化场地下盾构扩挖地铁车站结构地震破坏机制振动台试验[J].岩石力学与工程学报,2017,36:2018-2030.

[6] 李林,何川,耿萍,等.浅埋偏压洞口段隧道地震响应振动台模型试验研究[J].岩石力学与工程学报,2011,30:2540-2548.

[7] 陈国兴,陈苏,左熹,等.软土场地地铁车站结构地震反应特性振动台模型试验[J].岩土力学,2016,37:331-341.

[8] 徐华,李天斌,王栋,等.山岭隧道地震动力响应规律的三维振动台模型试验研究[J].岩石力学与工程学报,2013,32:1761-1771.

[9] 吴冬,高波,申玉生,等.隧道仰坡地震动力响应特性振动台模型试验研究[J].岩土力学,2014,35:1921-1928.

[10] 朱宏伟,姚令侃,陈晓龙,等.土工格栅返包土工袋加筋土挡墙的地震响应分析及设计建议[J].岩土工程学报,2017,39:319-326.

[11] 李小军,王晓辉,李亮,等.振动台试验三维层状剪切模型箱的设计及性能测试[J].岩土力学,2017,38:1521-1531.

[12] 文畅平,江学良,杨果林,等.桩板墙地震动力特性的大型振动台模型试验研究[J].岩石力学与工程学报,2013,32:972-985.

[13]王丽艳,蔡艳,姜朋明. 液化地基中重力式码头地震残余变形计算法的动力试验验证[J].土木工程学报, 2011.44(10):113-117.

[14]王丽艳,陈国兴,陈苏. 可液化土中格栅加筋土挡墙地震变形特性大型振动台试验研究[J]. 中国公路学报, 2011,27(9):24-31.

[15]Liyan Wang, Guoxing Chen, Su Chen. Experimental study on seismic response of geogrid reinforced rigid retaining walls with saturated backfill sand[J]. Geotextiles and Geomembranes, 2015, 43(1):34-45.

[16]王丽艳,孙田,陈苏. 近远场地震中土工格栅加筋土挡墙抗震特性的振动台试验研究[J].土木工程学报,2015,48(2): 102-110.

[17] Iai S, Sugano T, Ichii K, et al. Performance of Caisson type quay walls. The 1995 Hyogo-ken Nanbu Earthquake-Investigation into Damage to Civil Engineering Structures[J]. Japan Society of Civil Engineers, 1996:181-202.

[18] Iai S, Sugano T. Soil-structure interaction studies through shaking table tests[J]. Earthquake Geotechnical Engineering, Balkema, 1999,3:922-940.

[19] Ghalandarzadeh A, Takashi O, Towhata I, et al. Shaking table tests on seismic deformation of gravity quay wall[J]. Spec Issue Soils Found 1998:115-131.

[20] Hamada M, Wakamatsu K. Liquefaction-induced ground displacement triggered by quay wall movement [J]. Spec Issue Soils Found, 1998:85-95.

[21] Sung-Ryul Kim, In-Sung Jang, Choong-Ki Chungc, et al. Evaluation of seismic displacements of quay walls[J]. Soil Dynamics and Earthquake Engineering, 2005, 25:451-459.

[22] Zeng X. Dynamic centrifuge tests on quay walls[C]// Technical Report CUED/D-SoiMTR251, Cam-

bridge University, England,1992.

[23] Chung-Jung Lee. Evaluation of seismic displacements of quay walls[J]. Soil Dynamics and Earthquake Engineering, 2005, 25:112-131.

[24] 张华,徐红利. 地震映像法在地质灾害调查中的应用[J]. 工程勘察,2010,5:89-93.

[25] 高鹏. 基于无线网络的村镇震害调查系统的开发与实现[D]. 兰州:中国地震局兰州地震研究所,2014.

[26] 潘毅,唐丽娜,王慧琴,等. 芦山7.0级地震古建筑震害调查分析[J]. 地震工程与工程振动,2014,34:140-146.

[27] 熊立红,兰日清,王玉梅,等. 芦山7.0级强烈地震建筑结构震害调查[J]. 地震工程与工程振动,2013,33:34-43.

[28] 洪海春,石玉成,刘拓,等. 芦山地震古建筑震害调查与分析[J]. 地震工程与工程振动,2014,34:142-155.

[29] 谢和平,邓建辉,李碧雄. 四川芦山地震灾害调查与灾后重建的相关问题分析[J]. 地球科学与环境学报,2013,35:1-2.

[30] 潘毅,谢丹,袁双,等. 尼泊尔8.1级地震文化遗产建筑震害调查与分析[J]. 西南交通大学学报,2015,50:1039-1046.

[31] 潘毅,张弛,高宪,等. 台湾美浓6.7级地震框架结构震害调查与分析[J]. 土木工程学报,2016,49:12-18.

[32] 崔光耀,伍修刚,王明年,等. 汶川8.0级大地震公路隧道震害调查与震害特征[J]. 现代隧道技术,2017,54:9-16.

[33] 景立平,陈国兴,李永强,等. 汶川8.0级地震水坝震害调查[J]. 地震工程与工程振动,2009,29:11-23.

[34] 李宏男,肖诗云,霍林生. 汶川地震震害调查与启示[J]. 建筑结构学报,2008,29:10-19.

[35] Junwu Dai, Zhe Qu, Chenxiao Zhang, et al. Preliminary investigation of seismic damage to two steel space structures during the 2013 Lushan earthquake[J]. Earthquake Engineering and Engineering Vibration, 2013,12(3):492-500.

[36] Xiao Guang Cai, Jing Shan Bo, Ka Mai Toshitaka,et al. Seismic Damage Investigation of Residential Fill Ground in the Eastern Part of Kyoto Basin[J]. Applied Mechanics and Materials, 2013: 2200-2206.

[37] F. Piroglu, K. Ozakgul. Site investigation of masonry buildings damaged during the 23 October and 9 November 2011 Van Earthquakes in Turkey[J]. Natural Hazards and Earth System Science, 2013:689-708.

[38] 刘汉龙, 井合进, 一井康二. 大型沉箱式码头岸壁地震反应分析[J]. 岩土工程学报, 1998, 20(2): 22-30.

[39] Chien L K, Lai S Y, Lin M C. Damage evaluation in Taichung Harbor caused by the 921 Chi-Chi earthquake[J]. Civil Hydraulic Eng,1999,26(3):82-95.

[40] Chung-Jung Lee. Centrifuge modeling of the behavior of caisson-type quay walls during earthquakes[J]. Soil Dynamics and Earthquake Engineering, 2005, 25:112-131.

[41] Ishihara K, Yasuda S, Nagase H. Soil characteristic and ground damage[J]. Soils and foundations special issue on geotechnical aspectsof the January 17, 1995 Hyogoken-Nambu earthquake: Japanese Geotechnical Society,1996:109-118.